西安美术学院 2024 年度学科建设资助项目

三维动画艺术创作维度研究

邓强 | 著

文化艺术出版社
Culture and Art Publishing House

图书在版编目（CIP）数据

三维动画艺术创作维度研究 / 邓强著.— 北京：
文化艺术出版社, 2024.6
ISBN 978-7-5039-7623-0

Ⅰ.①三… Ⅱ.①邓… Ⅲ.①三维—动画—研究
Ⅳ.①TP391.41

中国国家版本馆CIP数据核字（2024）第103598号

三维动画艺术创作维度研究

著　　者　邓　强
责任编辑　李　特
责任校对　邓　运
封面设计　姚雪媛
出版发行　文化艺术出版社
地　　址　北京市东城区东四八条52号（100700）
网　　址　www.caaph.com
电子邮箱　s@caaph.com
电　　话　（010）84057666（总编室）　84057667（办公室）
　　　　　（010）84057696—84057699（发行部）
传　　真　（010）84057660（总编室）　84057670（办公室）
　　　　　（010）84057690（发行部）
经　　销　新华书店
印　　刷　中煤（北京）印务有限公司
版　　次　2024 年 7 月第 1 版
印　　次　2024 年 7 月第 1 次印刷
开　　本　710 毫米 × 1000 毫米　1/16
印　　张　15.75
字　　数　255千字
书　　号　ISBN 978-7-5039-7623-0
定　　价　98.00 元

前 言

三维动画的发展时间较短，尚属新兴领域，从该技术的出现至今仅47年，远谈不上历史研究。但是在此期间，计算机图形技术与相关应用领域又呈现出爆发式的高速发展，集中出现了大量的技术研究与实践应用，较为丰富的经验积累与相对薄弱的学术理论建构之间产生了断层。由于三维动画的领域延展特征，截至目前，对于三维动画的研究更多地集中于计算机图形技术的提升、技术应用方式的尝试以及产业应用流程的确立和优化方面。对于三维动画的分析与认知，基本上基于计算机图形学与三维动画应用领域相关学科的综合内容，相关的学术理论研究较为薄弱。三维动画作为一种新兴的艺术形式以及动画技术手段，其自身所具备的艺术特征以及未来可能延展出的审美意象尚未得到深入的剖析。目前，我们正处在尖端科学技术爆发前的蓄力阶段，下一阶段的技术融合与协作是必然趋势。

三维动画艺术将立体空间的表象压缩于画面之中完成视觉信息的传达，与绘画相似，但获得最终结果的方式却有很大的区别：绘画的过程中客观与主观始终交织，不断相互验证，其目的就是将三维空间压缩成为二维画面，客观物象、创作者主观意象、作品遵循从三维到二维的创作过程维度压缩。而三维动画艺术创作的造型方式是观察客观并创建客观，并通过不同时间点上的连续变化（帧运动）形成动态表现，对象外形的运动形态为创作过程带来了不确定性与随机性，结合上述物理空间的三维而形成四维的动画艺术，从二维到四维的维度变化贯穿创作过程的始终。

本书从维度构成的概念出发，以创作者的角度分析空间维度扩展与压缩手法在创作中的运用，为探讨三维动画技术基础和艺术形式之间的必然联系提供依据；从受众角度对三维动画认知与体验维度进行分析，探讨视觉原理和审美心理对三维动画艺术创作的内在影响；从经济与文化的维度对三维动画发展过程中存在的商业经济与文化现象间的联系进行分析。在三维动画的研究中，从维度概念入手，进行不同角度和层次的探讨，对于厘清三维动画技术、艺术创作技巧以及基础理论建构之间的关系至关重要，对于动画创作实践与理论研究具有较为重要的意义。

目　录

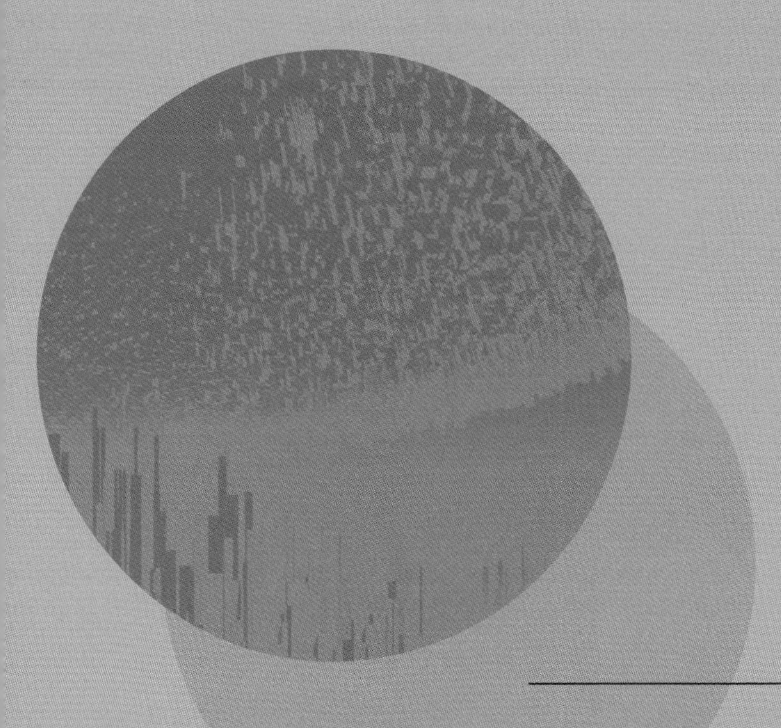

第 一 章

三维动画的概况

第一节　动画发展概述

动画的起源可以追溯到旧石器晚期奥瑞纳文化时期，考古学家在法国南部肖维－蓬达克岩洞希莱尔室发现了使用黑炭刻绘的长有8条腿的野牛，这一图像距今三万两千年到两万六千年。[1]我国青海大通发现的距今四五千年的马家窑文化“舞蹈纹彩陶盆”上所描绘的三组手拉手跳舞的人物形象中，每组最边上的两个人物，其手臂都画了两道表现不同动作的线条。[2]公元前2000年古埃及壁画上的“摔跤”故事，是用一幅幅连续的画面表现的。[3]在古希腊的陶瓶上也发现了连续动作的绘画。[4]以上发现均表明了人类先民试图用绘画记录和表现运动的愿望。

到了16世纪，人们逐渐发现当一些画面快速并连续交替出现时，画面中所画的物体会产生运动的感觉，在不同的画面上可以表现不同时间所发生的不同动作，于是便发明了“手翻书”，这是人类对动画制作的初次尝试。17世纪，欧洲教士阿塔纳斯·珂雪发明了魔术幻灯，运用投影原理将玻璃上绘制的图案投射到墙上。1824年，英国科学家彼得·罗杰发表论文《移动物体的

1 参见冯学勤《论动画意识与动画形上学》，《文艺研究》2019年第4期。
2 参见王真《关于马家窑时期原始舞蹈的几个问题》，《史学月刊》1983年第6期。
3 参见徐大鹏、傅立新《从动画到动漫文化》，《电影文学》2008年第24期。
4 参见黄立安《古希腊陶器彩绘所表现的体育美研究》，《体育科学》2011年第8期。

视觉暂留现象》，提出了视觉暂留现象理论，这一理论的提出加速了影视发展的进程。1825年，比利时人约瑟夫·普拉托发表论文《论光线在视感上产生印象的几个特征》，阐述了快速运动物体的外观因印象的持续性长短而发生变化。1828年，他发现形象在视网膜的停留时间根据原始物象的强度、颜色、光度强弱和历时长短而有所变化，在照明亮度适中时，形象在视网膜上平均停留0.34秒，该发现成为电影及动画产生的理论基础。1873年，爱德华·麦布里奇拍摄出世界上第一套马在奔跑的连续动作过程，于1877年进行了连续照片的放映。后来他又在埃米尔·雷诺的研究基础上发明了“变焦实用镜”，并将所做研究，集成《运动中的动物》和《运动中的人物》两套摄影集。他所创造的捕捉方法与分解方法，为生物学、人体学以及动画运动规律学的探索，提供了沿用至今的研究依据。[1]1892年，埃米尔·雷诺的第一部动画电影《可怜的比埃洛》在巴黎放映，是目前所知最早的动画影像。1895年12月28日，法国人卢米埃尔兄弟在巴黎公映《工厂的大门》《火车进站》等几部短片，标志着电影的正式诞生。1906年，美国人詹姆斯·斯图尔特·布莱克顿制作了世界动画史上的第一部现代动画短片《滑稽脸的幽默相》，采用了“逐格拍摄法”。1906年，法国人艾米尔·科尔的《幻影集》是电影史上第一部动画片，表现的是一系列不断变化的手绘造型影像。

1911年，美国动画师温瑟·麦凯制作的《小尼摩》，成为世界上第一部动画影片。1914年，他制作的动画片《恐龙葛蒂》公映，该影片把故事、角色和真人表演安排成了互动式情节并且获得成功，创作了第一个真正意义上的动画明星：恐龙葛蒂。1918年，温瑟·麦凯与美国环球影业公司合作发行了第一部真正意义上的动画纪录片《路西塔尼亚号的沉没》。1908年，法国人艾米尔·科尔首次用负片制作动画影片，解决了影片载体问题。1914年，美国人埃尔·赫德发明了透明的赛璐珞片技术，由此产生了动画片经典的制作工艺，使得动画电影得以进行大规模的生产，延续多年直至被数字技术替代。1928年，迪士尼推出以米老鼠为主角的卡通动画《汽船威利》。1932年，迪

1 参见邓沙《传统服饰元素在动漫人物造型设计中的运用研究》，硕士学位论文，湖南师范大学，2013年。

士尼制作了首部全彩色卡通片《花与树》，1933年，制作了《三只小猪》，该片首次创造了完整、清晰、可信的不同人物性格。1937年，迪士尼创作出第一部彩色动画长片《白雪公主和七个小矮人》[1]，此后经过80余年的发展与积淀，逐渐将动画影片推向了巅峰。

---

1 参见贾否《动画概论》（第三版），中国传媒大学出版社2010年版，第25页。

第二节　三维动画的定义及特征

三维动画（three-dimensional animation，简称 3D），是由动画师数字化建模和操作，在虚拟三维空间中制作生成的动画，使用存储在计算机中用于执行计算和绘制的程序软件，创建多边形网格，使三维对象或三维环境具有可视化的外观。通过数字骨骼系统操纵顶点进行控制，与关键帧结合使用创建运动。[1]也可使用与传统动画无关的数字技术生成动画，如数学函数、粒子模拟、动力学等范畴。[2]

三维动画既是一种计算机图形技术，又是一种动画艺术类型。三维动画技术是在三维计算机图形学的基础上发展起来的，三维动画艺术类型则是在计算机图形技术应用于动画创造的过程中，在替代旧有技术的同时，逐步产生了自身独有的美学特质以区别于其他动画类型，从而脱离于传统动画，确立了独立的美学类型。

三维动画具有以下特征。

1. 虚拟性特征：三维动画技术突破了传统艺术形式物质载体边界，以非物质的方式创造非物质的图像，在虚拟环境中实现了无源创造，包括虚拟工具、虚拟场景、虚拟角色、虚拟灯光、虚拟镜头等内容。造型的创造、表面材质的指定、灯光的布置、摄像机的架设以及动作的制作、表情的调节、图像的渲染生成、后期特效的合成、剪辑等一系列的创作流程，在数字技术出现之前，完成上述工作需要投入巨大的人力、资金、空间、时间等成本。但数字技术将这些内容均建构在虚拟的体系之内，构成了非物质化的虚拟世界，并随着个人计算机的推广呈现出数字技术的开放性特质，打破了技术的专业性垄断，带来了艺术创作流程的全面开放，包括向创作者个体的开放。

2. 同质性特征：借由创作介质的虚拟性，数字技术的介入使得影像摆脱

1 参见 Tom Sito，*Moving Innovation: A History of Computer Animation*, Massachusetts: MIT Press,2013。

2 参见 Lowe Richard, Schnotz Wolfgang, *Learning with Animation: Research Implications for Design*,New York: Cambridge University Press, 2007。

对实物的依赖，三维动画技术突破了艺术创作受制于媒介材料的规约，实现了媒介载体的同质化，“聚集多种不同元素并建立一个无缝对象”[1]。三维动画既可以完成对现实内容的虚拟，又可以完成对非现实内容的创造，还可以模拟与传统艺术类型不同的艺术风格。三维动画可以通过记录和扫描的方式获取真实世界的数字信息；通过创建与编辑获得非现实的幻想物象；或结合两者使得虚幻更加可信、现实更为精彩。在三维动画中，传统艺术类型也同时获得了新的属性或功能，静态艺术具备了运动的可能，平面艺术具备了纵深的层次，实现了全方位的交叉与跨界，所有的信息内容在数字技术平台上均被转换为比特（bit）数字编码，被提取和重构，并被赋予可复制、易传播的数字媒体技术特性，通过数字信号进行光速的传播和实时的分享。数字技术的模拟能力基于与现实的相似性，既可以再现高度仿真的细节，也可以人为地生成风格化造型，在外在表象上存在不同的审美特征，这些都由计算机程序和语言生成。[2]

3. 视觉真实感特征：三维动画所营造出的真实意义与绘画和电影不同。安德鲁·达利指出三维数字影像和超现实主义绘画的区别：第一，虽然两者都是对现实的模拟，但不同于超现实主义绘画，三维影像对现实的拷贝并不存在一个对应的原始物，它是所谓的“第二级模拟”，即基于已有材料的再造现实；第二，超现实主义绘画并不想将自身与模拟对象相混淆，而三维影像模拟则试图掩盖这种模拟行为，它是对模拟对象精确的再生产。[3]S. 普林斯对于数字影像与电影的区别进行了分析：电影影像是一种将观念绑定在一起的“索引式”符号，电影影像与真实世界有因果性和持续性的指涉联系，而数字影像不同于电影胶片对外界现实的记录，它的图像是在计算机内通过代码和算法生成的，因而，它与外界现实的联系不是因果性的，而是建立于一种相似性关系上，从这个意义上来说，它属于皮尔斯符号学体系中的“像章符号”。[4]三维动画相较于传统动画艺术类型，具备了视觉真实感特征，即提供

---

1 Lev Manovich, *The Language of New Media*, Massachusetts: MIT Press,2000, p.132.
2 参见李健《三维数字动画的美学特征分析》，《电影评介》2013 年第 4 期。
3 参见 Andrew Darley,*Visual Digital Culture*,London and New York: Boutledge Press, 2000, p.86。
4 参见［美］S. 普林斯《真实的谎言：感觉上的真实性、数字成像与电影理论》，王卓如译，《世界电影》1997 年第 1 期。

符合艺术接受者日常感知经验的影像视觉元素以获取感觉上的真实，并在此基础上进行艺术化处理，强化观众对于感觉真实的接受。

在画面呈现层面，三维动画与传统二维动画相比，它们的立体空间塑造与呈现存在根本的区别，三维动画可实现更为逼真的视觉表现。与传统定格动画相比，两者虽然均通过立体造型的动态表现产生画面，但是技术实现手段有本质的区别。传统定格动画使用真实的材料进行空间塑造，材料特性和拍摄手段与实拍电影相同，造型及风格受到材料与技术的限制，必须进行象征化和抽象化的设计。三维动画打破了材料及技术限制，可以自由地选择材料的属性构成和外在表象，可以进行造型风格的任意界定，具备实现视觉真实感的能力。在运动表现层面，传统二维动画对于运动规律的总结与研究已经十分成熟，动作的写实程度与夸张处理均已达到相当高的水平。传统定格动画由于逐帧调整与摆拍，无法避免手工操作的误差，动作表现较为简单和僵硬。三维动画的动作制作方式在传统二维动画关键帧技术的基础上，由计算机生成中间动画，可以实现二维动画的动态表现力，且可使用动作捕捉技术进行真人表演的完全模拟，在表情和动作的表现上更为准确和细腻。

4.可扩展性特征：数字技术平台的开放和自由促使三维动画作为技术和艺术的共生体存在于我们的视野当中。实现了对于社会各领域应用的全面介入和自身功能及内涵的增殖，从而具备了强大的扩展性能力。三维动画在视觉信息传达方面具有巨大优势，既可实现真实的复制，又可进行虚幻的创造，微观世界的放大与宏观世界的压缩、可视化规律的展现与非可视化原理的诠释均能在三维动画中予以实现。在数字媒介上，多元的文化与艺术类型跨越了介质的隔离，具备了相互融合的可能。三维动画在发展中作为虚拟空间图像核心技术之一，与更多的新兴技术产生关联与协作，如计算机交互技术、自动化控制技术、网络技术、人工智能技术、虚拟交互技术等，进一步完善了自身体系的细化和强化，实现了真正意义上的全面持续发展。三维动画技术的开放性和工具的虚拟性则决定了其自身发展的多元途径：三维技术的软硬件开发厂商不断更新功能，开发更加完善与强大的版本；艺术家和创作者也脱离了工具使用者的单一身份，在使用技术的过程中，主动地根据创作需要，不断发现技术和工具存在的问题，提供反馈或进行二次开发，编写程序或插件参与技术的完善与开发。

第三节　三维动画的应用领域

三维动画在社会生活中的应用主要包括以下领域。

一、传媒娱乐领域

影视特效，即 VFX（Visual Effects），用于实现具备视觉真实感的超现实现象、在现实生活中难以拍摄到的画面、造价过于昂贵的场景。如非现实环境及生物、爆炸、自然灾害、危险动作等。主要专业分类为：数字场景、动作捕捉、数字角色、动画合成。

三维动画影片：采用计算机三维动画方式制作而成的影视作品。包括动画电影、动画剧集、动画短片。

游戏：三维动画在游戏领域的应用，包括三维过场动画、游戏角色制作、游戏场景及道具制作等。通过与互动技术的结合，增强了游戏视觉的真实性和艺术性，随着硬件设备平台性能的提升与制作技术的进步，三维视觉内容将越来越接近电影的品质。

片头动画：在视听类作品开场时营造气氛并展现风格的动画片段。通过凝练的视听语言、紧凑的动态节奏传达作品的整体气势和氛围，常用于电影、电视、游戏、宣传片、栏目包装、产品演示等类别。

广告动画：广告创意需要基于商品自身特点进行想象力和创造性的提升。三维动画的自身特点能够满足广告设计对于客观再现和主观夸张表现的功能需求，扩展了创意表现的内容、形式和风格，通过丰富的视觉体验展现妙趣横生的创意。

二、建筑工程领域

建筑设计：建筑三维动画的表现力和艺术性达到了较高的水准，而且随着三维打印技术的发展，三维动画中的建筑模型已经可以通过大型三维打印设备输出为建筑实体构件。

房地产演示动画：将建筑设计方案进行动态可视化，通过动画类型进行宣传或展示。包括环境演示，如地理位置、建筑外观、景观园林等；室内设计：用于方案的可视化表现，直观地展示设计的视觉效果；楼盘演示：表现室内外空间及建筑设计。三维动画直观、逼真的优势可以与其他技术结合，以实现更好的用户体验，如与Web3D技术结合可实现在线交互浏览空间设计；与VR技术结合能进一步提升传统设计领域的表现及沟通效率。

城市规划动画：是指虚拟现实技术应用在城市规划、建筑设计领域。人们能够在一个虚拟的三维环境中，用动态交互的方式对未来的建筑或城区进行全方位审视，可以从任意角度观察场景，并且可以自由控制浏览的路线，能够给用户带来强烈逼真的感官冲击，获得身临其境的体验。

工程施工预演：利用三维动画将工程施工过程进行详细的过程模拟，提前实现深入了解与指定细节，从而有效地排除错误与事故，提高安全性与质量。

三、设计制造领域

产品说明：运用三维动画技术剖析产品内部结构，对功能讲述更加清晰、更有说服力。产品说明动画主要包括：工业产品，如汽车动画、飞机动画、轮船动画、火车动画、舰艇动画、飞船动画；电子产品，如手机动画、医疗器械动画、监测仪器仪表动画、治安防盗设备动画；机械产品，如机械零部件动画、油田开采设备动画、钻井设备动画、发动机动画；产品生产过程，如产品生产流程动画、生产工艺动画等。

产品设计生产：三维成型技术及动画技术可用于产品设计开发阶段的模型校验，三维造型技术结合三维打印技术已可实现产品外观设计与模具的快速制作，甚至可进行产品的制作与生产。

原理模拟动画：通过动画模拟过程，如制作生产过程、交通平安演示动画模拟交通事故过程、煤矿生产平安演示动画模拟煤矿事故过程，以及能源转换利用过程、水处理过程、水利生产输送过程、电力生产输送过程、矿产金属冶炼过程、化学反应过程、植物生长过程、施工过程等演示动画。

四、艺术设计领域

辅助设计：为传统平面设计提供基于原创的图像素材。

现代艺术：辅助表现立体、抽象或者荒诞的艺术形象或动态视觉表现。

计算摄影：用数字计算代替光学过程的数字图像捕获和处理。包括数码全景图的相机内计算、高动态范围图像和光场相机。光场相机使用新颖的光学元件捕捉三维场景信息，利用这些信息生成三维图像、实现景深的增强和选择性聚焦（后聚焦），以提高相机的性能、引入胶片摄影无法实现的功能，获取更高质量的图像。

五、文化教育领域

医学动画：三维动画具备直观、真实、准确等特点，适于表现医学上的抽象性和微观性内容，以解决沟通困难等问题。常用于病理演示、实验测试原理演示、仪器演示等方面。

虚拟现实：简称“VR 技术”，指发生在计算机生成的模拟环境中的交互式体验，包括听觉、视觉、触觉或其他类型的感官反馈。使用多投影设备或头戴式设备，产生逼真的图像、声音等感觉，模拟用户在虚拟环境中的物理存在。虚拟现实技术常用于游戏和电影、机器人控制、医学康复、军事训练、博物馆展览、行业展示、公共装置等领域，三维动画技术为虚拟现实提供大部分基础视觉内容的生成。

第四节　三维动画与传统艺术的关系

一、与造型艺术的关系

三维动画是基于计算机图形技术发展起来的新兴的艺术媒介，具备了三维造型艺术与动态视觉艺术的双重属性。在造型概念的各个层面上，与雕塑、绘画等传统造型艺术存在着直接的联系，继承了传统造型艺术中最为精华的因素。传统艺术造型理论和经验对于三维动画有着指导性的意义。

1. 三维动画在形体造型观念上继承了传统雕塑的特征，在表面材料方面结合了绘画艺术的特征，创作结果属于视觉艺术作品。虚拟三维造型艺术是传统雕塑艺术的延续，两者在造型的理念上保持了绝对的一致。[1]传统雕塑艺术关于形体的基本概念和造型的基本规律依然适用于这一新领域。虽然三维动画使用计算机工具进行创作，造型的媒介发生了变化，但是基于空间体积进行艺术创作的过程与传统雕塑艺术并无二致，其本质特征依然来自传统的雕塑艺术，仍建立在体积、空间、比例、结构、动态等底层造型观念上。单纯地从三维造型的角度来看，现代三维动画中虚拟三维造型的部分是传统造型艺术思维与新兴计算机工具结合的产物。三维动画的画面构成形式依然遵循绘画的基本原则，并且在表面材料上融合了绘画的特性，颜色和肌理与空间造型共同作用于作品最终的视觉效果。三维动画通过使用三维数字技术进行创作，技术的作用在于提供了创作的手段和方式，创作结果在艺术范畴存在的方式依然是艺术作品，所遵循的依然是艺术创作规律。新的媒体技术并不改变艺术的共性，只是改变艺术的生产流程和传播流程。[2]

2. 三维动画作为新兴的艺术形式尚在发展的初步阶段，在作品的存在形式、社会功能、技术工艺等方面均与传统艺术存在着区别，主要体现在以下几个方面。

形式与功能的区别。传统雕塑艺术通过在真实空间中对实际材料进行塑

---

1 参见刘志强《三维造型艺术》，中国广播电视出版社 2006 年版，第 161 页。
2 参见贾秀清、栗文清、姜娟等编著《重构美学：数字媒体艺术本性》，中国广播电视出版社 2006 年版，第 173 页。

造，具有可触摸性，更加直观和易于控制；虚拟三维造型则在虚拟空间中进行造型创作，较为抽象。传统雕塑与绘画是凝固的空间和平面艺术，多用于经典形象与事件的记录，重点在于比例、结构、神态最富表现力的经典瞬间表现，静态造型的创作要求将所有精力用于推敲形体关系与画面元素；三维动画造型普遍应用于影视及游戏领域，是四维空间的艺术形式，应用领域特性赋予了三维动画造型运动的特征，在创作中必须考虑到后续动态制作环节的需求，通常选择标准伸展姿态进行造型创作，同时需要制作与动态可能产生联系的内部结构，如被头发覆盖的耳朵、口腔内部结构等。

面貌与题材的区别。传统造型艺术已有数千年的发展历史，具象与抽象风格均较为丰富，艺术风格更为多变。目前，虚拟三维造型艺术风格呈现出单一化与多元化并存的状态，写实化风格占据主流，应用领域特性会对艺术风格产生直接的影响。传统雕塑的陈列展示功能决定其表现题材以人物和动物形象为主，较为单一；三维动画的题材更为广泛，可表现自然界中自微观至宏观的所有物象，乃至非现实内容，由于具备情节性表现需求，会根据情节要求进行选择，艺术处理手法更为自由，不受环境条件、技术工艺和材料属性限制。

工具与材料的区别。传统造型艺术的材料本身即作品的形式构成要素之一，具有真实性和可触摸性的特点。如雕塑作品材料处理与真实物象存在较大的差别，独立于真实物象之外，更加贴近艺术作品的形式感构成需要，材料的变化会对作品最终的表现力产生明显的影响；传统绘画的材料与工具则直接导致艺术手法和观念上的变化，呈现因材料特性所导致的艺术风格，甚至作为画种的定义原则。三维动画以计算机硬件程序和软件程序作为数字媒体艺术创作的工具和媒介，其复杂程度与智能程度超过了以往所有艺术类型所依赖的材料和工具的物质基础，可以不受限制地模拟传统艺术工具与材料的手法和面貌，呈现出与真实物象基本属性保持一致的视觉具象特征，在实现过程中并非仅描绘和模仿表象，而往往伴随着对其物理学属性的研究。

二、与电影艺术的关系

三维动画的发展与电影语言的发展密切相关，在技术与艺术表达等方面两者有着密切的联系。三维动画与电影艺术通过视觉暂留原理实现活动影像的本质是一致的，在叙事性本质上是统一的。电影艺术在作为三维动画动态视觉艺术基石的同时，也因三维动画数字技术的介入而产生了重大的变革。

1. 三维动画创造出的动态影像所需的播放介质依然以屏幕的方式为主，在叙事方式上则完全借用了电影镜头语言的规律与方法，以镜头为构成影片的基本单位。因此，借鉴与学习电影镜头的设计与调度是动画制作的必然方式，只是动画镜头与电影镜头的构成元素与实现手段不同。主流三维动画作品仍以故事片为主，部分实验动画作品也包括隐性或潜在的叙事线索，在画面构图原则方面均以画面表意与视觉中心的营造为重点，并注重画面动态平衡关系。

2. 数字技术的发展为电影行业带来了革命性的进步。三维动画以虚拟性特征和技术性特征广泛参与电影制作，突破了传统电影拍摄技术及拍摄内容的客观物质限制，对于电影艺术的发展产生了重要影响。从三维动画诞生之初，其功能便服务于电影特效。随着数十年的发展，数字虚拟场景、虚拟摄像机、虚拟角色、动作捕捉、群集动画等先进的数字图像技术，大量应用于现代电影创作，数字技术从最初用于辅助影视特效的功能也逐步上升至主导地位。三维动画以自身现代数字技术优势不断地提升了电影艺术的视觉表现力，变更了电影的拍摄制作流程，给予观众更为强烈的视听感官刺激，甚至影响了现代电影的类型构成，直接导致了奇观化电影的兴盛。

3. 三维动画模拟真实的审美取向模糊了电影艺术与动画艺术的边界。电影艺术基于物质的基础，采用连续记录的手段，拍摄表演片段进行空间再现；传统动画采用美术形式的逐帧绘制进行空间再现。虽然两者同为时空综合艺术，但是电影建构在真实的基础上，动画则建构在假定的基础上。与电影相比，动画更加接近于文学艺术的表现方式，以现实为基础并与现实相似，但又存在一定的间离感和想象空间。三维动画在数字技术的基础上建构起了自身的美学规范，突破了传统动画的形式“假定性”，从视觉感受的层面强化了对现实的模拟，实现了画面和影像的视觉真实感，从而削减了传统动画的抽象性，弱化了材料和技术差异所带来的媒介差异性，缩短了审美感性的现实距离，从影像乃至内容、题材促使电影艺术和动画艺术边界的模糊和融合。直至2015年，第88届奥斯卡金像奖评奖规则才对真人电影与动画进行了明确的界定：如果电影中75%的镜头是动画生成或真人拍摄，并且有相当数量的主要角色是动画角色或真人演员，那么可以被划定为动画或真人电影。

三、与传统动画的关系

传统动画（traditional animation），也被称为“经典动画”“赛璐珞动画”或“手绘动画”，表现手段和技术以二维绘制、分层制作、叠加拍摄为流程特征，在行业制作标准上根据绘制帧数量可分为全动画及有限动画两类。该动画制作方式自1914年被发明以来，应用于动画作品的创作与生产，直至20世纪末期，在计算机动画出现前，绝大部分的影视动画作品都以这一方式进行制作。1989年的动画长片《小美人鱼》（*The Little Mermaid*）是迪士尼公司最后一部用传统工艺制作的动画，此后，随着计算机技术的进步，数字技术逐步介入传统动画的制作流程，实现了材料与工具的数字化变革。不过，传统动画“逐帧绘制”的制作方式和二维外观依然保留，演变为计算机辅助动画，至今依然应用于现代动画创作，“绘画”这一人类本能的创造行为仍然是常用的动画制作方式。

三维动画是计算机图形技术在传统动画发展基础上突破与延展的产物。三维动画的诞生初期并非直接应用于动画领域，而是服务于电影工业的视觉效果（VFX），直至1995年《玩具总动员》的上映，才确立了三维动画影片的样式。三维动画在影视行业的应用分为两个方向同步发展：以完全模拟现实为目的的三维视觉特效与增强真实亲近感为目的的三维动画。在数字技术全面取代手工操作的今天，三维动画与数字技术辅助的传统动画之间的关系可以概括为计算机生成动画与计算机辅助动画。

三维动画与传统动画之间的关系可以总结为以下三个方面。

1. 三维动画继承了传统动画的基础原理，在延续传统动画魅力的同时扩展了表现空间。三维动画在表现内容、叙事方式、形象设计、运动规律、镜头语言等方面均继承了传统动画的基础原理。三维动画的动作制作依然遵循传统动画关键帧原理，传统动画基于时间点和空间幅度的认知与表现理论，对于三维动画的运动理解仍然发挥着重要的指导作用。三维动画通过计算机工具构建立体空间与形体，从生成原理上更加贴近真实，同时具备了模拟艺术形态与风格的能力，拓展了动画艺术的表现内容与形式。

2. 三维动画提升了动画创作效率并突破了传统动画的技术局限。传统动画无论在手工技术还是在数字技术背景下，画面均基于“绘制”实现，逐帧绘制的巨大工作量无法从根本上解决。传统动画创作中数字技术的采用，实现了材料和工具的替代，并未改变制作方式，仍然需要先设计出动画镜头中的关键帧，画出原画，加入中间动画，经过描线、上色，逐帧拍摄或合成，实现由静态画面构成的连续动态。以每秒24帧画面计算，一部90分钟标准时长的电影需要的画面数量多达12.96万帧，即使采用电视动画中常见的“一拍二”“一拍三”的制作方式控制作画数量，降低成本，也需要大量的人力与时间的投入，甚至可通过动作捕捉设备进行真人表演的数据采集。三维动画的生成方式通过人工指定关键帧姿态，计算机完成了大部分传统动画中需要靠人工完成的重复性和相似性的工作，极大地提升了创作效率。传统动画的连续动作逐帧绘制，必须通过动作检查等环节进行反复修改，三维动画的动作回放则可实时进行，利于调整与修改。传统动画的二维画面限制镜头设计的自由度，在机位旋转和画面内容角度变化时完全依靠绘制者的能力与经验，极易出现形体扭曲、透视失真、画面跳帧等问题，三维动画模型制作完成后可从任意角度进行拍摄，可以在三维空间中创建虚拟的摄像机进行画面的拍摄，摄像机运动不受任何技术限制，能够保证更为稳定的画面质量。

3.三维动画技术解决思路对传统动画创作的反哺作用。三维动画创作以计算机图形技术为基础，理性地分析并再现真实世界的现象与规律，探索高效的技术解决方案，提供给创作者更为丰富与便利的创作工具和手段，在汲取传统动画养料的同时也促进了传统动画创作技巧的进步。三维动画工具中的骨骼与IK（反向运动学）系统被加入二维动画制作软件中，实现更为快捷的动作制作，三维软件中较为常见的晶格、节点等调节方式也被二维软件工具采用，通过集约化的操作控制复杂表面的动态呈现。Moho、Flash、Spine等二维动画软件的功能越来越强大与完善。三维动画在完成了“拟真”的现阶段任务后，也必然会向艺术风格多元化的方向发展，进入“拟态”这一新的阶段。在信息高速传播与交换的今天，人们的信息需求和个性审美高度细分，需要更加丰富的文化产品，三维动画与传统动画两者以不同的魅力共存并互育反哺、共同发展。两者在动画作品的创作中，既存在技术层面的区别，又经常出现互相补充、互相转化的实例，并非替代关系。

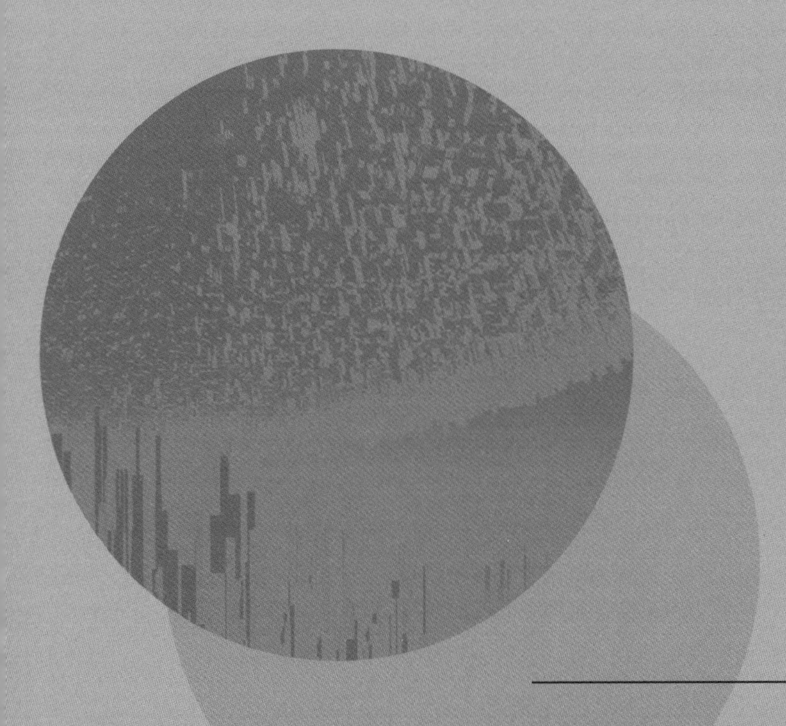

第 二 章

三维动画的发展历程

计算机技术对艺术创作领域的介入始于20世纪中叶，伴随着计算机硬件与软件的发展，计算机图形技术开辟了艺术发展的崭新空间。20世纪70年代，计算机三维图形技术开始萌芽。20世纪80年代，三维动画应用于影视领域并开始进行自身艺术类型的探索。20世纪90年代，三维动画以巨大的技术优势引起了行业的关注，完成了美学特征的确立。21世纪前10年，三维动画呈现出迅猛发展的势头，全面地介入传统影视行业，并对传统动画电影产生了强烈的冲击。2010年至今，三维动画完成了自身发展必要的积累，进入了全盛时期。

第一节　三维动画在20世纪的发展

一、20世纪70年代：萌芽时期

三维动画隶属于计算机图形学研究范畴，早期的计算机图形学研究与尝试在20世纪40年代即已开始。50年代末至60年代，大型计算机开始配备图形计算与显示设备，在大型研究机构与教育机构中开始普及，如美国波音公司、新泽西州贝尔实验室、麻省理工学院林肯实验室等。由戴维·伊万斯（David Evans）于1965年创建的美国犹他大学计算机科学系是这一时期计算机动画研究的主要阵地。许多三维计算机图形学的基本技术是在这里发展起来的，研究成果包括Gouraud、Phong、Blinn shading、纹理映射、隐藏表面算法、曲面细分，实时绘制线段、光栅图像显示硬件，以及早期的虚拟现实工作。罗伯特·里夫林（Robert Rivlin）在他1986年出版的著作《算法图像：计算机时代的图形视觉》中写道："现代计算机图形界几乎每一个有影响力的人要么通过犹他大学，要么以某种方式与之接触。"[1]

1972年，美国犹他大学艾德文·卡特姆（Edwin Catmull）和弗雷德·帕克（Fred Parke）创作了世界上第一部三维动画实验短片《计算机动画手》（*A Computer Animated Hand*）（见图2-1），描绘了手的旋转、伸展与合拢、指向镜头，最后放大到手的内部的三维动态画面。这部实验性质的短片展示了将三维形式植入电脑的潜力，具有开创性的意义，被誉为动画和电影艺术的革命。该短片是卡特姆在犹他大学任职期间为一个研究生课程项目创作的。首先对他本人的左手进行石膏翻模，再进行精细的计算划分几何面，在模型上绘制了350个三角形和多边形，将划分好几何面的模型扫描进计算机将其数据化，并在他自己编写的三维动画程序中进行了动画制作。在创作过程中，卡特姆提出了纹理映射和B样条线，设计算法实现反走样，提出Z通道等概念，这些概念后来成为计算机图形学的基础。1976年的电影《未来世界》使用了这部短片的片段。

1974年，纽约理工学院（NYIT）建立了计算机图形学实验室（CGL），20世纪70年代后期，该实验室在图像渲染技术领域做出了许多创新性的贡献，并制作了很多有影响力的软件，包括动画程序Tween、SoftCel，以及绘画程序Paint。同年，第一个商用帧缓冲（framebuffer）系统Evans问世，帧缓冲又称为位映射图（Bit Map）或光栅，这项技术的发展至20世纪90年代形成标准并沿用至今，几乎所有具有图形功能的个人计算机都使用光栅图形系统来生成视频信号。

1975年，奥斯卡获奖动画短片《了不起的人》（*Great*）中出现了大东方号蒸汽轮船的旋转线框模型的简短片段；1977年，电影《星球大战》（*Star Wars*），在死星、X翼战斗机的目标计算机和千年隼号宇宙飞船的场景中使用了三维线框图像；1979年，迪士尼的电影《黑洞》（*The Black Hole*）使用线框

---

1 Robert Rivlin, *The Algorithmic Image: Graphic Visions of the Computer Age*, New York: Harper & Row Publishers, Inc, 1986.

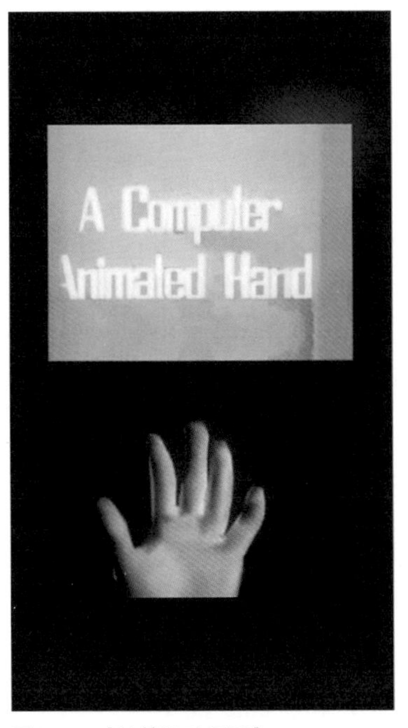

图2-1 《计算机动画手》

图2-2 《黑洞》

图描绘了片中的黑洞图像(见图2-2)。同年，雷德利·斯科特(Ridley Scott)执导的科幻恐怖电影《异形》(*Alien*)也使用了线框模型图形，用来渲染飞船上的导航监视器。

1977年，JPL的计算机图形实验室成立，实验室人员吉姆·布林为NASA的可视化任务制作了一系列的宇航飞行模拟，开发了许多有影响力的新建模技术，包括环境贴图、改进的高光模型、“斑点”模型、褶皱表面模拟、灰尘表面模拟。

二、20世纪80年代：探索时期

1981年，硅谷图形公司(SGI)成立，其产品IRIS(集成光栅成像系统)，是当时最高端的计算机图形工作站，在此后相当长的时期都是电影、电视等领域的数字图像制作设备首选。

1982年，Quantel发布了Quantel Mirage数字实时视频效果处理器，通过纹理映射到任意的三维形状来扭曲实时视频流，观众可以围绕这个形状自由旋转或实时缩放，并可实现在两个不同的形状之间的插值或变形的效果制作。该处理器被认为是第一个实时3D视频效果处理器，也是后来DVE（Digital Video Effect）设备的前身。同年，日本大阪大学开发了用于绘制真实3D计算机图形的LINKS-1超级计算机系统。日本信息处理学会表示：三维图像渲染的核心是从给定的视点、光源和物体位置计算构成渲染表面的每个像素的亮度，实现可独立并行处理每个像素的光线跟踪图像渲染方法，通过高速图像渲染算法的开发，能够快速渲染高度真实的图像，被用来制作世界上第一个完全由计算机图形制作的三维类行星的视频。

1982年，迪士尼出品首部采用数字图像技术制作的影片《电子世界争霸战》（*Tron*），史蒂文·利斯伯吉尔执导，获得了巨大的商业成功。（见图2-3）该片广泛使用立体3D CGI技术，被誉为业界的一个里程碑。片中的三维动画技术主要用于展示数字地形场景以及光轮、坦克和船只等交通工具。为了制作虚拟数字场景，迪士尼求助于当时领先的四大计算机绘图公司：Information International Inc、Robert Abel and Associates、MAGI和Digital Effects。

1982年，蒙特利尔大学（University of Montreal）推出三维动画短片《梦幻飞行》（*Dream Flight*），被认为是第一部叙事三维动画。影片完全使用MIRA图形语言进行编程。[1]这部电影获得了多个奖项，并在1983年的SIGGRAPH电影展上放映。

1984年，环球影业/洛里玛出品《最后的星际战士》（*The Last Starfighter*）。该片由尼克·卡斯尔执导，是最早使用CGI技术来描绘众多星际飞船、环境和战斗场景的电影之一。片中总共制作了27分钟的CGI成品，电脑动画技术的应用使得片中的特效部分工作效率倍增，远远领先于同时期仍在使用传统影视特效模型的《星球大战3：绝地归来》（*Satr Wars Ⅲ: Return of the Jedi*）等电影。新技术的使用使这部影片获得了商业成功，在预算1500万美元的情况下获得了2800万美元的票房。

1984年，隶属于卢卡斯影业的Graphics Group（皮克斯动画工作室前身）制作了三维动画短片《安德鲁和威利的冒险》（*The Adventures of Andre &*

---

1 Nadia Magnenat Thalmann, Daniel Thalmann, "The Use of High-Level 3-D Graphical Types in the MIRA Animation System", *IEEE Computer Graphics and Applications*, Vol.3, 1983.

图2-3 《电子世界争霸战》

图2-4 《安德鲁和威利的冒险》

Wally B.)(见图2-4),于1984年7月25日在1984 SIGGRAPH大会上首映,8月17日在多伦多国际动漫节上发布,引起了电影行业对三维动画的兴趣。该片首次在CG动画和复杂的3D背景中使用了运动模糊,并实现了传统动画中挤压拉伸变形的效果,使用了一台Cray X-MP/48超级计算机和10台VAX-11/750超级计算机完成制作。

1985年,《托尼·德·佩尔特里》(*Tony de Peltrie*)是第一部通过人物面部表情和肢体动作来表达情感的计算机动画,作为SIGGRAPH的闭幕影片首映,打动了观众。

1986年,《星际迷航4:回家的旅程》(*Star Trek IV: The Voyage Home*),由伦纳德·尼莫伊(Leonard Nimoy)执导,乔治·卢卡斯的工业光魔公司(ILM)制作了视觉效果。在这部电影中一段梦境的片段里,船员们穿越回过去,他们的面部图像相互转化,ILM采用了Cyberware公司开发的一种新的3D扫描技术,实现了演员头部数字模型的生成。同年,在苹果公司联合创始人乔布斯(Steve Jobs)的资助下,皮克斯被分拆为独立公司,制作了三维动画短片《顽皮跳跳灯》(*Luxo Jr.*)(见图2-5)。片中使用了包括阴影贴图的动态渲染

图2-5 《顽皮跳跳灯》

图2-6 《锡铁小兵》

技术[1]，并运用了迪士尼经典动画原理来传达数字角色的情感，被认为是动画领域的一次突破，改变了传统动画行业对电脑动画的解读，成为第一部获得奥斯卡最佳动画短片提名的三维动画作品。

1987年，加拿大工程学院庆祝成立100周年活动在蒙特利尔的艺术广场举行。活动中放映了一部名为《蒙特利尔的重逢》（*Rendez-vous*）[2]的三维动画短片，模拟了玛丽莲·梦露和亨弗莱·鲍嘉在蒙特利尔老城区咖啡馆见面的场景。

20世纪80年代末，计算机动画迎来了新的里程碑，由华特·迪士尼公司（Walt Disney）与皮克斯合作开发的软件、扫描仪和联网工作站的定制集合"计算机动画制作系统"，即"CAPS"将传统动画电影的绘制和后期制作过程数字化，以替代传统赛璐珞动画制作方式，从而使后期制作更加丰富和高

---

1 Foley, J. D., Van Dam, A., Feiner, S. K. and Hughes, J. F, *Computer Graphics: Principles and Practice*, Addison-Wesley,1995.
2 N. Magnenat Thalmann, D. Thalmann, "The Direction of Synthetic Actors in the Film Rendez-vous à Montréal," *IEEE Computer Graphics and Applications*, 1987,Vol.7.

效。动画线稿被扫描到计算机中，进行填色和序列生成，利用摄像机运动、图层效果、3D图像合成等技术，将角色和背景进行合成。1989年，该系统首次测试用于长篇电影《小美人鱼》。第一个全面使用“CAPS”完成的动画电影是1990年的《救难小英雄澳大利亚历险记》（*The Rescuers Down Under*），也是历史上第一部完全由数字技术实现的动画电影。

1988年，皮克斯动画工作室制作了第三部短片《锡铁小兵》（*Tin Toy*）（见图2-6），片长5分钟。这部短片在1988年8月的SIGGRAPH大会上，获得了科学家和工程师们的起立鼓掌，公众和评论家也对行业的创新和技术给予了高度评价，称之为“皮克斯最好的短片之一”“一种新兴艺术形式的迷人一瞥”。《锡铁小兵》获得了1988年奥斯卡最佳动画短片奖，成为第一部获得奥斯卡奖的CGI电影，标志着计算机动画在计算机图像学研究领域与动画电影节体系之外，作为一种新的动画艺术形式为行业所接受。美国电影艺术与科学学院理事会成员、动画师威廉·利特尔约翰（William Littlejohn）认为，《锡铁小兵》是证明三维动画这一新兴媒介发展潜力的窗口，他告诉《纽约时报》该影片具有“相当惊人的真实感”，“它模仿摄影，但带有艺术展现”。加州艺术学院（CalArts）角色动画项目负责人罗伯特·温奎斯特（Robert Winquist）预测计算机动画“将在短时间内占据主导地位”，公开建议动画师，“放下你的铅笔和画笔，换一种方式实现”。2003年，《锡铁小兵》被美国国会图书馆（Library of Congress）选为“具有文化、历史或美学意义”的电影，这部作品实现了三维技术层面的巨大飞跃。在该片的创作中，正式投入皮克斯开发的新动画制作软件Menv进行了建模和动画制作，为流程动画处理和二次动画处理提供了强有力的技术支持，并完成了RenderMan渲染软件的正式测试，角色设计也更加复杂。这部短片为皮克斯之后的首部三维动画电影《玩具总动员》提供了创作灵感和必要的技术积累。

1989年，皮克斯动画工作室推出三维动画短片《小雪人大行动》（*Knick Knack*）（见图2-7），创作这部短片的灵感来源于《猫和老鼠》《鲁尼的音乐》以及动画师查克·琼斯（Chuck Jones）和特克斯·埃弗里（Tex Avery）的作品，依靠纯粹的喜剧化情节和表演来推动故事的发展。在总结《锡铁小兵》制作的经验教训之后，动画师们在这部短片中回避了人类动画角色，选择根据几何形状来制作短片以发挥电脑的优势。《小雪人大行动》于1989年在波士顿的

图2-7 《小雪人大行动》

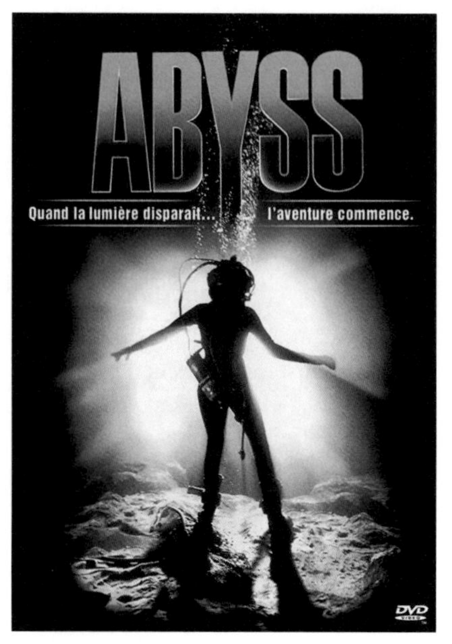

图2-8 《深渊》

SIGGRAPH首映，1990年，获得西雅图国际电影节最佳短片奖，1991年，在伦敦电影节上展示这部短片时，伦敦《独立报》称其为“一部4分钟的杰作”，《卫报》则盛赞其为“可能是电子影像界最接近上帝的作品”。2001年，特里·吉列姆（Terry Gilliam）将其选为十大最佳动画电影之一。

1989年，詹姆斯·卡梅隆（James Cameron）的水下动作电影《深渊》（*The Abyss*）上映（见图2-8），这是第一部将逼真的CGI图像与真人场景无缝集成的电影。ILM制作了一段5分钟的动画触须图像序列，为此设计了一个可以产生不同幅度和运动特性的表面波动程序，包括反射、折射和变形效果。该片因CGI和真人表演的成功结合被广泛认为是影视特效领域未来发展方向的里程碑。

三、20世纪90年代：确立时期

20世纪90年代，CGI技术已经足够发达，可以大规模扩展到影视制作领域，利用计算机生成的图像来增强动画影片和实拍电影特效的应用大幅增长。

图2－9 《终结者2：审判日》

图2－10 《侏罗纪公园》

1991年，詹姆斯·卡梅隆的电影《终结者2：审判日》（*Terminator 2: Judgment Day*）（见图2－9）是CGI首次引起公众广泛关注的电影。数字技术被用于"终结者"机器人的塑造，其中"T－1000"机器人被赋予了一种"液态金属"的可变性材料，可以变形成它接触到的任何东西。这部影片获得了第64届奥斯卡金像奖最佳视觉效果奖，片中的特效镜头大量使用了CGI技术。同年，迪士尼的《美女与野兽》（*Beauty and the Beast*）上映，这是一部完全使用计算机动画制作系统（CAPS）制作的2D传统动画电影。该系统的应用使得手绘艺术与3D CGI材料更易于实现结合，片中《华尔兹序列》（*Waltz Sequence*）片段，二维角色在由计算机生成的舞厅场景中跳舞，摄像机在模拟的立体空间中同步围绕运动。《美女与野兽》是第一部被提名为奥斯卡最佳影片的动画电影。

1993年，史蒂文·斯皮尔伯格（Steven Spielberg）导演的《侏罗纪公园》（*Jurassic Park*）（见图2－10）又迈出了重要的一步。CGI的动物是由ILM制作的，并实现了虚拟恐龙角色的群集动画模拟。为了直接比较这两种技术，斯皮尔伯格在一个测试场景中选择了CGI。乔治·卢卡斯（George Lucas）也在观

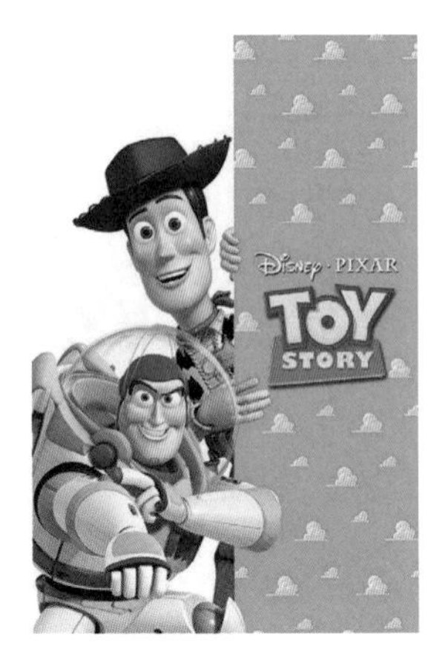

图2－11 《玩具总动员》

看，他说："一个重大的差距已经被跨越，事情永远不会再像以前那样了。"[1]

1995年11月22日，第一部完全由电脑动画制作的三维动画长片《玩具总动员》（*Toy Story*）（见图2－11）在各大影院的2281块银幕上映（后来扩大到2574块），成为首映周末票房最高的影片。影评家和观众对该片给予了积极评价，认为这是有史以来最好的动画电影之一。《玩具总动员》在动画领域达到了新的技术和美学高度，也获得了巨大的商业成功，最终在全球获得了3.73亿美元的票房收入。

《玩具总动员》由迪士尼公司/皮克斯工作室出品，由皮克斯联合创始人、前迪士尼动画师约翰·拉塞特（John Lasseter）执导。27位动画师参与了这部电影的制作，使用了400个电脑模型来制作角色的动画。角色采用了纯计算机和物理模型扫描两种方式进行建模[2]，模型完成后进行了复杂的运动控制绑定，片中的主要角色伍迪需要723个动作控制器，其中面部控制器212个，口型控制器58个。[3]影片中的每一个镜头由八个不同的团队完成，概念设计团队给每个镜头都配上了配色方案和一般照明。Layout 团队将模型放入场景中，设置虚拟摄像机的位置以确定构图，并对摄像机的运动进行设置。动画

1 Tom Shone, *Blockbuster: How Hollywood Learned to Stop Worrying and Love the Summer*, New York: Free Pressof Stmon & Schuster, 2004.
2 Snider, Burr, "The Toy Story Story", *Wired*, December 1995.
3 "Toy's Wonder", *Entertainment Weekly*, December 8, 1995.

师使用Menv程序进行关键帧设置，制作每个角色的动作，通过研究演员的录像来寻找灵感。过程中还添加了阴影、灯光、视觉效果，最后使用300个电脑处理器将电影渲染成最终的设计。着色团队使用RenderMan渲染程序为每个模型的表面创建着色程序。《玩具总动员》中的一些表面纹理来自真实物体：安迪房间里窗帘布料的纹理使用了实际布料的扫描图像。灯光团队在动画和阴影处理之后，对镜头进行了最后的灯光处理。完成的镜头进入由117台Sun Microsystems计算机组成的"渲染农场"进行渲染。全片共1561个镜头，时长超过77分钟。根据镜头复杂程度，每一帧画面的渲染时间从45分钟到30小时不等[1]。完成全片114240帧画面的渲染工作共需要80万机时。摄影小组将这些画面记录到胶片上，为了适应1.85:1的高宽比，《玩具总动员》的画幅只有1536像素 × 922像素。在后期制作中，镜头被发送到卢卡斯电影集团的声音部门Skywalker Sound，进行音效与配乐合成。

《玩具总动员》广受好评。在《时代》杂志"1995年10大最佳电影"排行榜上名列第8。2011年，《时代》杂志将其评为"25部史上最佳动画电影"之一。在《帝国》杂志的"史上最伟大的500部电影"榜单上，排在第99位，是排名最高的动画电影。2003年，在线影评人协会将这部电影评为有史以来最伟大的动画电影。[2]2007年，美国视觉效果学会（Visual Effects Society）将这部电影列为"史上最具影响力的50部视觉效果电影"中的第22部。这部电影在美国电影协会（AFI）的"史上100部最伟大的美国电影"排行榜上排名第99位。在美国电影学会（AFI）评出的10大最佳动画类影片中，这部影片排名第6。该影片还获得1996年第68届奥斯卡特别成就奖、最佳原创剧本提名、最佳原创音乐提名。

1997年11月1日，《泰坦尼克号》（*Titanic*）在东京首映，由美国20世纪福克斯电影公司、派拉蒙影业公司出品，导演是詹姆斯·卡梅隆，该片共获得第70届奥斯卡金像奖包括特技效果奖的11项提名，与*Eve*（1950）并列获得奥斯卡提名最多的影片，与《宾虚》（1959）并列获得奥斯卡单部影片提名

---

1 David Price, *The Pixar Touch: The Making of a Company*, New York: Alfred A. Knopf, 2008, pp.134-138.

2 Ryan Ball, "Toy Story Tops Online Film Critics' Top100", *Animation Magazine*, March 4, 2003.

图2－12 《棋逢敌手》

最多的影片。《泰坦尼克号》全球首映票房超过18.4亿美元，是首部票房突破10亿美元大关的电影，全球票房总额达到21.8亿美元。片中有超过500个镜头使用了特效技术，几乎每个场景都使用了电脑特效。数字生成的海水和背景结合实体搭建的模型获得了震撼的视觉效果，并利用动作捕捉技术创造了数百个数字角色。

1997年11月24日，皮克斯短片《棋逢敌手》（*Geri's Game*）（见图2－12）首映，次年获得奥斯卡最佳动画短片奖。该片是皮克斯第一部以人类为主角的电影，短片的制作目标是"将人类和布料动画推向新的高度"。专门的开发团队设计了布料模拟器，实现角色服装的自然运动，动态布料动画师的出现对动画师的工作方式做出了一些改变，例如，动画完成后发送到模拟器自动解算布料运动、前置解算过程等；首创了细分堆叠建模技术。在此之前，大多数3D角色的表面都是用NURBS表面拼接在一起制作的，这使得动作表现力较差，导致模型经常撕裂。而细分表面的使用，将角色的皮肤呈现为完整的表面，实现更平滑的对象移动以及更复杂的细节。[1]进行了次表面散射技术

---

1 Barbara Robertson, "Meet Geri: The New Face of Animation", *Computer Graphics World*, Vol.21, No.2, 1998.

图2－13 《蚁哥正传》

图2－14 《虫虫特工队》

（subsurface scattering）的实验，用于表现真实的皮肤质感，角色的面部操纵装置与之前的操纵手法相比，绑定师为角色制作了数百个面部控制装置，增加了额外的细节控制供动画师使用。这些技术实践的经验与成果在后续三维动画的制作中被沿用至今。

1998年梦工厂的第一部三维动画电影《蚁哥正传》（*Antz*）（见图2－13）于9月19日在多伦多国际电影节首映，10月2日在美国院线上映。片中部分主要角色的面部特征与配音演员相似。

1998年11月25日，皮克斯动画工作室制作的《虫虫特工队》（*A Bug's Life*）（见图2－14）上映。故事改编自伊索寓言《蚂蚁和蚱蜢》，由于昆虫具有较为简单的表面和结构，适合当时的技术特性。《虫虫特工队》的制作难度比《玩具总动员》大得多，角色和场景模型的复杂性均有较大提升：角色由单体变为群体，场景由室内和城市变为室外自然环境。皮克斯的动画部门采用了技术创新：片中出现的大量蚁群镜头中包括了400—800个角色，这样的动画角色数量既无法进行单独控制，又不能简单处理，影片的技术总监比尔·里夫斯（Bill Reeves）带领团队自主研发了基于粒子系统的专用软件，动画师仅需创建40个左右的角色形象，通过计算机随机组合特征元素，即可获得大量相似而各具特征的蚂蚁形象与动画，并将次表面散射技术正式用于动画长片进行渲染，获得了更加逼真的表面质感。

这两部以蚂蚁为主角的影片题材相似、制作平行、上映时间接近，引起了双方制作机构公开的争议。相比较而言：《蚁哥正传》更倾向于成年观众，以社会和政治讽刺为特点，艺术风格偏向写实。《虫虫特工队》更适合家庭，基调偏向轻松愉快，艺术风格偏向卡通化。《虫虫特工队》和《蚁哥正传》两部电影所引发的争执代表着皮克斯（迪士尼）与梦工厂两大公司在三维动画领域激烈竞争的开端。

1999年上映的《玩具总动员2》（*Toy Story 2*）是1995年《玩具总动员》的续集，也是“玩具总动员”系列电影的第二部，重新利用了《玩具总动员》中的部分数字元素资产，角色模型在内部进行了重大的升级，着色器也进行了修改，带来了细微的改进。在制作过程中，技术已经进步到比前作更复杂的程度，已经开发了很多新软件，如新的粒子系统可以实现超过两百万个尘埃颗粒的动态表现。为了与前作保持延续性，创作者谨慎地使用了新技术。该片被评论家认为是少数几部超越原版的续集电影之一，频繁出现在有史以来最伟大的动画电影的名单上。

第二节　三维动画在 21 世纪的发展

一、2000—2009 年：发展时期

随着硬件的改进、成本的降低和软件工具的不断增加，CGI 技术很快在电影和电视制作中得到应用。随着许多新工作室投入生产，以及现有的公司从传统技术过渡到 CGI 技术，三维动画应用已明确地细分为影视特效 VFX 与三维动画电影这两大行业领域。

数字动画技术的使用促进了影视作品视觉效果的极大提升，1995年至2005年，美国一部大范围上映的故事片的平均效果预算从500万美元跃升至4000万美元，CGI 技术的收入已经超过了现实生活中同类技术的20%，计算机生成的图像已经成为特效的主要形式。在真人电影中使用 CGI 特效的情况越来越多，以至于乔治·卢卡斯认为2002年的电影《星球大战前传2：克隆人的进攻》（*Star Wars: Episode II – Attack of the Clone*）是一部使用真人演员的动画电影。2004年，真人电影《天空上尉与明日世界》上映，影片完全在蓝屏前拍摄，背景全部由电脑生成，只有演员和部分道具是真实的。越来越多的电影开始使用完全由电脑生成的角色，如《星球大战前传1：幽灵的威胁》（*Star Wars: Episode I – the Phantom*）中的加·加·宾克斯（Jar–Jar Binks）、《指环王：双塔奇兵》（*Lord of the Rings: the Two Towers*）中的咕噜（Gollum）。数字虚拟角色已经为观众所接受。

在20世纪90年代《玩具总动员》《虫虫特工队》和《蚁哥正传》等电影的成功基础上，三维动画电影受到市场欢迎。据统计，2004—2013年，动画电影的毛利率在所有电影类型中最高（约52%）。2001—2009年，票房排名前50的动画电影中，三维动画片有35部，占70%的比例。在这10年中，许多电影公司和动画工作室开始制作三维动画长片，据不完全统计，2000—2009年全世界范围内上映三维动画电影129部。行业的竞争越发激烈，出现大量有代表性的三维动画佳作（见表2–1）。其中，环球影业公司/梦工厂动画公

司11部，华特·迪士尼电影公司/华特·迪士尼动画工作室/皮克斯动画工作室11部，三维动画开始逐步取代传统动画的统治地位。美国20世纪福克斯动画/蓝天工作室推出三维动画电影5部，《冰河世纪》系列大获成功。索尼影视动画公司3部。华纳兄弟（Warner Brothers）推出2部三维动画电影，并凭借获得奥斯卡奖的故事片《快乐的大脚》（*Happy Feet*）获得了巨大成功。

表2-1　2000—2009年三维动画电影代表作品

序号	时间	片名（中文）	片名（英文）	国家
1	2000	恐龙	*Dinosaur*	美国
2	2001	怪物公司	*Monsters, Inc.*	美国
3	2001	怪物史莱克	*Shrek*	美国
4	2001	最终幻想：灵魂深处	*Final Fantasy: The Spirits Within*	美国、日本
5	2002	冰河世纪	*Ice Age*	美国
6	2003	海底总动员	*Finding Nemo*	美国
7	2004	怪物史莱克2	*Shrek 2*	美国
8	2004	超人总动员	*The Incredibles*	美国
9	2004	鲨鱼黑帮	*Shark Tale*	美国
10	2004	极地特快	*The Polar Express*	美国
11	2005	马达加斯加	*Madagascar*	美国
12	2005	四眼天鸡	*Chicken Little*	美国
13	2005	机器人历险记	*Robots*	美国
14	2006	冰河世纪2	*Ice Age: The Meltdown*	美国
15	2006	汽车总动员	*Cars*	美国
16	2006	快乐的大脚	*Happy Feet*	澳大利亚、美国
17	2006	篱笆墙外	*Over the Hedge*	美国
18	2006	丛林大反攻	*Open Season*	美国

（续表）

序号	时间	片名（中文）	片名（英文）	国家
19	2006	鼠国流浪记	*Flushed Away*	英国、美国
20	2006	怪兽屋	*Monster House*	美国
21	2007	怪物史莱克3	*Shrek 3*	美国
22	2007	美食总动员	*Ratatouille*	美国
23	2007	蜜蜂总动员	*Bee Movie*	美国
24	2007	未来小子	*Meet the Robinsons*	美国
25	2007	冲浪企鹅	*Surf's Up*	美国
26	2008	功夫熊猫	*Kung Fu Panda*	美国
27	2008	马达加斯加2	*Madagascar 2: Escape Africa*	美国
28	2008	机器人总动员	*WALL·E*	美国
29	2008	闪电狗	*Bolt*	美国
30	2008	霍顿奇遇记	*Dr. Seuss' Horton Hears a Who!*	美国
31	2009	鬼妈妈	*Coraline*	美国
32	2009	冰河世纪3	*Ice Age: Dawn of the Dinosaurs*	美国
33	2009	飞屋环游记	*Up*	美国
34	2009	怪兽大战外星人	*Monsters vs. Aliens*	美国
35	2009	圣诞颂歌	*A Christmas Carol*	美国
36	2009	天降美食	*Cloudy with a Chance of Meatballs*	美国

2000年，《恐龙》（*Dinosaur*）（见图2-15）上映，该片是迪士尼首度尝试电脑动画与实拍背景结合的电影。为了实现照片真实感的视觉效果，工作人员在生物学家的配合下，进行了深入的研究与尝试，根据恐龙骨骼结构进行肌肉组织以及表面皮肤的复原。技术人员专门开发了肌肉运动模拟程序，根据恐龙的生物学特征，进行了复杂的绑定设置，使得最终虚拟角色的肌肉和皮肤能够实现在跟随骨骼运动的同时，随着力量的强度，方向、速度的变

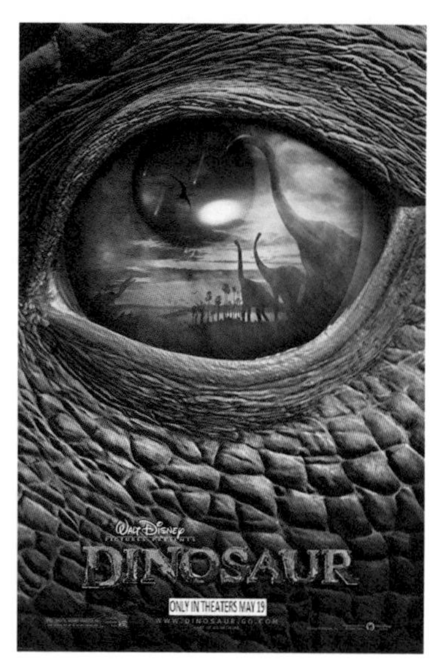

图2－15《恐龙》

图2－16《鸟！鸟！鸟！》

化，产生合理真实的褶皱与震动。该影片也实现了高精度的毛发效果制作（片中的狐猴角色毛发数量超过一万根），同时具备了高度自由的可控性。

三维动画短片《鸟！鸟！鸟！》（*For The Birds*）（见图2－16）由皮克斯制作，拉尔夫·埃格斯顿执导，于2000年6月5日在法国安纳西国际动画电影节首映，获得了2001年奥斯卡最佳动画短片奖。短片创作团队使用Maya软件和Pixar内部建模工具创建角色和场景模型，开发了供动画师使用的羽毛系统，通过集成化的操纵设计来控制每只鸟的2873片羽毛，并采用了毛发贴图和半透明纹理通道来实现羽毛边缘的柔和效果。动画师使用Menv软件进行动画制作。

2001年，梦工厂和皮克斯出品的电脑动画电影《怪物史莱克》（见图2－17）和《怪物公司》（见图2－18）分别取得了显著的成功，正式揭开了两大公司激烈竞争的序幕。

2001年5月16日，梦工厂出品的《怪物史莱克》首映。这部电影模仿了其他改编自童话故事的电影，针对迪士尼动画电影模式进行了颠覆性的创作。该片全球票房为4.844亿美元，而制作预算为6000万美元，获得奥斯卡最佳动画长片奖、第54届戛纳电影节金棕榈奖，并获得最佳改编剧本提

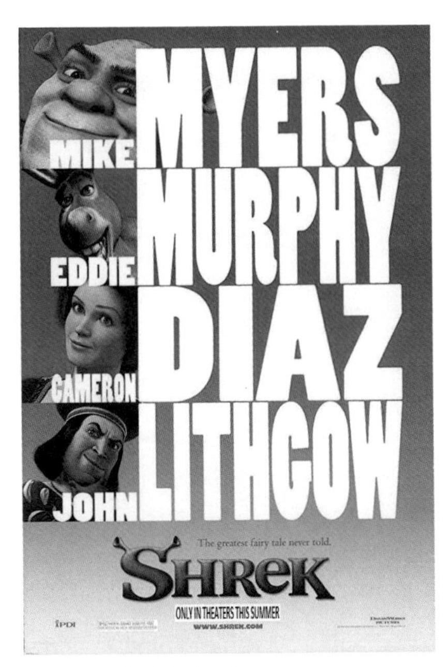

图2－17《怪物史莱克》

图2－18《怪物公司》

名。该片还获得了英国电影电视艺术学院（BAFTA）的六项提名，最终获得最佳改编剧本奖。这部电影的成功，标志着梦工厂动画公司成为皮克斯动画公司的主要竞争对手。《怪物史莱克》最初计划采用真人和三维动画结合的表现方式，主要角色以动作捕捉计算机图形的形式合成到场景中。1998年，太平洋数据图像公司（PDI）开始与工作室合作制作该片，确定了三维动画的形式，PDI在动画制作中使用了自有的专有软件（如流体动画系统等），并使用了市场上一些强大的动画软件（如Maya），完成了大部分动态布料动画以及毛发制作。在《怪物史莱克》中，角色应用了肌肉系统来完成全身动作的设置，采用流控制进行复杂的着色器中的皮毛属性调整，让皮毛对环境条件产生反应。这项技术被扩展应用到电影中的很多方面，包括草、苔藓、胡子、眉毛，甚至角色外衣上的织物纤维。

2001年，《怪物公司》完成制作。在这部电影长达5年的制作过程中，皮克斯完成了多项流程及技术创新。片中的每个主要角色都有自己的首席动画师。皮克斯公司聘请了加州大学伯克利分校研究大型哺乳动物运动的专家罗杰·克拉姆（Rodger Kram）进行授课，以帮助动画师们熟悉大型怪物的运动方式。为了实现毛发和布料制作的逼真效果，技术团队和动画师面临以下挑战：1. 大量毛发实现合理的运动跟随，片中主角苏利文全身被毛发覆盖，总数达到2320413根。2. 实现毛发的自身投影以解决之前的毛发层次效果单调的问题。3. 实现运动时服装自动产生衣纹，并避免模型结构穿插。为了解决上述问题，皮克斯专门成立了模拟部门，开发了新的皮毛仿真程序Fizt（物理工具physics tool）。在角色动作制作完成后，模拟部门提取镜头的数据，为角色添加毛发进行解算，让毛皮以真实自然的方式自动随角色动作进行反应，并包括风和重力等力场效果。同时，预先进行无服装角色的动作制作，由模拟部门添加服装进行物理解算获取最终效果。皮克斯资深科学家迈克尔·卡斯（Michael Kass）、大卫·巴拉夫（David Baraff）、安德鲁·威特金（Andrew Witkin）开发了"全局交点分析"（global intersection analysis）算法来进行处理。《怪物公司》中镜头的复杂程度是空前的，需要更为强大的计算能力进行渲染。《怪物公司》的渲染一共使用了3500颗SUN微系统处理器，相比之下，《玩具总动员2》一共使用了1400颗，而《玩具总动员》则只有200颗。

2001年，以史克威尔公司的电视游戏《最终幻想》为基础的原创CG动画电影《最终幻想：灵魂深处》（*Final Fantasy: The Spirits Within*）（见图2-19）上映，导演是坂口博信（Hironobu Sakaguchi）。这是第一部人物角色照片级写实风格的三维动画电影，片中的女主角阿基·罗斯（Aki Ross）成为世界上第一位逼真的电脑动画女演员，被*Maxim*杂志及其读者票选为2001年最性感的女性之一，在100位女性中排行第87位，成为第一个登上该杂志封面的虚构女性。影片在角色的真实感上下了很大功夫，角色形象接近写实的照片，动作表现为了保证真实与自然，全程使用了动作捕捉技术，甚至实现了多人同时动作捕捉，成为动作捕捉技术史上的经典作品。每个角色的基本身体模型是由超过100000个多边形组成的，加上超过300000个服装模型。阿基的角色模型上有6万根头发，每根头发都是单独制作的，都是完整的动画和渲染。200名工作人员花了大约4年的时间才完成了影片制作。由960个工作站组成的渲染农场负责渲染影片的141964帧，每帧平均需要90分钟的渲染时间。

为了这部电影，史克威尔成立了专门的电影公司，累计投资达1.37亿美

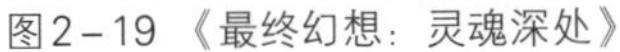
图2-19 《最终幻想：灵魂深处》

图2-20 《冰河世纪》

元，但是票房惨败，恶评如潮，仅取得了8500万美元的票房总额，累计共造成了超过9400万美元的损失。造成影片失败的重要原因之一，被广泛认为在美学上，一个物体与人的相似程度与人对该物体的情感反应之间的一种假想关系：类人物体看似真实的人，但并不完全真实，会让观察者产生一种不可思议的熟悉感和厌恶感[1]，即典型的“恐怖谷理论”[2]。相似的问题也出现在这一时期的同类作品中，如：《极地特快》（*The Polar Express*，2004）、《贝奥武夫》（*Beowulf*，2007）、《圣诞颂歌》（*A Christmas Carol*，2009）。

2002年3月15日，福克斯第一部动画片《冰河世纪》（*Ice Age*）（见图2-20）上映，该动画片由蓝天工作室（Blue Sky Studios）制作，票房收入超过3.83亿美元，取得了巨大的成功。之后陆续推出了4部续集。建模和动画使用Maya软件完成，渲染使用了蓝天工作室内部开发的光线追踪程序“CGI Studio”，是第一部使用光线追踪技术的电脑动画电影。

《海底总动员》（*Finding Nemo*）（见图2-21）于2003年5月30日上映，是

1 K. F. MacDorman, H. Ishiguro, “The Uncanny Advantage of Using Androids in Social and Cognitive Science Research”, *Interaction Studies*, 2006, Vol.7.
2 “恐怖谷理论”，1970年由日本机器人专家森政弘提出，1978年，Jasia Reichardt在其著作《机器人：事实、虚构与预测》中首次将“不気味の谷現象”一词翻译成“恐怖谷”。

图2-21《海底总动员》

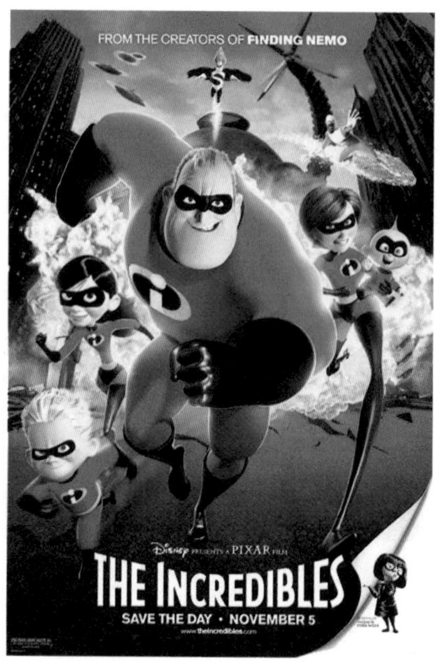

图2-22《超人总动员》

皮克斯第一部获得奥斯卡最佳动画长片奖的作品，并在包括最佳原创剧本奖在内的另外三个奖项中获得提名。2008年，美国电影协会将其列为十大最伟大动画电影之一。[1]BBC在2016年对国际影评人进行的一项调查中，《海底总动员》被评为自2000年以来最伟大的100部电影之一。[2]该片从1997年开始准备，2000年投入制作，制作组超过180人，完成了高度写实的海洋以及海底水体画面，并根据真实水体的特征进行了更为艺术化的效果处理。在制作片中水母场面时，皮克斯创造了全新的模糊透视法（transblurrency），根据距离和深度进行物体的模糊处理。整个水母区域中拥有74472只水母，每个镜头中的水母数量都超过了8000只。对于数量巨大且质感独特的水母群的表现跨出了动画制作海洋生物的一大步。

2004年，布拉德·伯德（Brad Bird）编剧和导演的《超人总动员》（The Incredibles）（见图2-22），由皮克斯动画工作室制作、华特·迪士尼电影公

1 "Top 10 Animation", *American Film Institute*, https://www.afi.com/10top10/category.aspx?cat=1, 2014.
2 "The 21st Century's 100 Greatest Films", BBC., https://www.bbc.com/culture/story/20160819-the-21st-centurys-100-greatest-films, 2016.

司发行。该动画改编自20世纪60年代的漫画书和间谍电影，于2004年10月27日在英国电影协会伦敦电影节首映，并于2004年11月5日在美国上映。在全球首映期间获得6.33亿美元的票房收入，获得了评论家和观众的广泛认可。该影片获得两项奥斯卡奖和安妮最佳动画长片奖，也是第一部获得雨果奖最佳戏剧表演奖的动画电影。

这部作品在三维动画中加强了迪士尼传统动画艺术特点，解决了制作CG人类动画的困难，在毛发、皮肤、运动、布料解算，交互动力学解算等方面取得了较大的进步，还解决了如火、水、空气、烟、蒸汽和爆炸效果的技术难题。由于较多的技术需要进行交叉解决，制作流程分解较为另类，共分为4个较大的团队完成各部分工作：1.建筑建模、shading、layout等环节；2.最终的相机、灯光和特效设置；3.角色数字雕刻、绑定、材质处理；4.开发毛发和衣服的模拟技术。全片有781个包括视觉特效的镜头，首次使用体绘制，改进了对云的建模，通过应用次表面散射的技术获得了更加逼真的人物皮肤效果。

三维动画的兴盛对传统动画行业产生了极大的影响。2002年3月，迪士尼解雇了伯班克动画工作室的大部分员工，2003年，关闭了法国迪士尼动画工作室，并宣布将把华特·迪士尼的动画长片转换成CGI动画工作室。2004年，又关闭了佛罗里达迪士尼动画工作室，缩小到一个单位，并开始计划进入三维动画电影的创作。2004年，迪士尼发布了最后一部传统动画电影《牧场上的家》（*Home on the Range*），在这部电影失败后，迪士尼正式放弃了传统动画，并在2005年开始制作电脑动画电影《四眼天鸡》（*Chicken Little*）。2006年1月24日，迪士尼宣布将收购皮克斯（交易于当年5月成功完成）。2003年，梦工厂动画公司也停止了传统动画的制作，转而只制作CGI动画。

2006年，电脑动画音乐喜剧电影《快乐的大脚》（见图2-23）由华纳兄弟影业公司出品，获得奥斯卡最佳动画长片奖、英国电影和电视艺术学院奖最佳动画长片奖，被提名安妮最佳动画长片奖和土星最佳动画电影奖。这部电影花了4年时间制作，灵感部分来自早期的纪录片。动画在动作捕捉技术上投入巨资，舞蹈场景由人类舞者表演，舞者们学习如何像企鹅一样移动，还戴上了模仿企鹅喙的头部装置。

2007年，《美食总动员》（*Ratatouille*）（见图2-24）获得了奥斯卡最佳动画长片奖，这是皮克斯制作的第8部电影，电影制作人面临的挑战是使用三维工具制作美食。动画创作人员咨询了美国和法国的厨师，并且学习了烹饪课程，以了解商业厨房的运作方式。次表面散射技术也被用在水果和蔬菜上。[1]电影采用了新的程序生成食材的纹理和外观，为了创造真实的垃圾堆，拍摄了15种不同的农产品，如苹果、浆果、香蕉、蘑菇、橙子、西蓝花和生菜在腐烂过程中的照片。还在传统绑定技术的基础上采用了晶格变形技术模拟老鼠角色的运动特征。

2008年6月6日，梦工厂动画推出了动作喜剧武术电影《功夫熊猫》（*Kung Fu Panda*）（见图2-25），在4000余家影院上映并获得好评。这部电影的灵感来自周星驰2004年的动作喜剧片《功夫》。[2]艺术指导雷蒙德·兹巴奇（Raymond Zibach）和艺术总监唐恒花了数年时间研究中国绘画、雕塑、建筑和传统功夫电影，以打造具有中国文化气息的视觉设计。[3]梦工厂花费了4年制作这部电影，其目标是让“梦工厂制作的电影成为有史以来最好看的电影”。影片的武术动作设计融入了中国传统武术中“猴拳”“蛇拳”“虎鹤双形”“螳螂拳”等最为知名且具特色的拳法武术。画面参考中国画中留白的视觉风格进行组织与设计。为了实现准确的武术动作，角色的绑定设置更为复杂与精确，并采用了大量视觉特效技术，熊猫阿宝乘“火箭椅”冲上天空的镜头，使用了多达54个视觉特效；雪豹攻击阿宝时引发爆炸掀起尘埃的镜头包括33588526颗由粒子生成的尘埃。

《机器人总动员》（*WALL·E*）（见图2-26）于2008年6月27日在美国上映，引起轰动，全球票房收入5.333亿美元。影片获得2008年的金球奖最佳动画长片奖，2009年雨果奖“最佳戏剧表现（长片）”、星云奖最佳剧本奖、土星最佳动画片奖和奥斯卡最佳动画片奖5项提名，被许多影迷和评论家认为是2008年的最佳影片。这部电影在《时代》杂志评选的“十年最佳电影”中也位居榜首。[4]影片采取传统默片电影的表演方式，创作团队观看了大量基顿

---

1 Anne Neumann, “Ratatouille Edit Bay Visit!”, https://www.comingsoon.net/movies/features/19939-ratatouille-edit-bay-visit, April 25, 2007.
2 Lou Gaul, “1104 Film Clips”, *Bucks County Courier Times*, November 4, 2005.
3 “Kung Fu Panda Gets Cuddly”, *Daily News*, New York, May 31, 2008.
4 Richard Corliss, “WALL·E (2008): Best Movies, TV, Books and Theater of the Decade”, *Time*, December 29, 2009.

图2－23 《快乐的大脚》

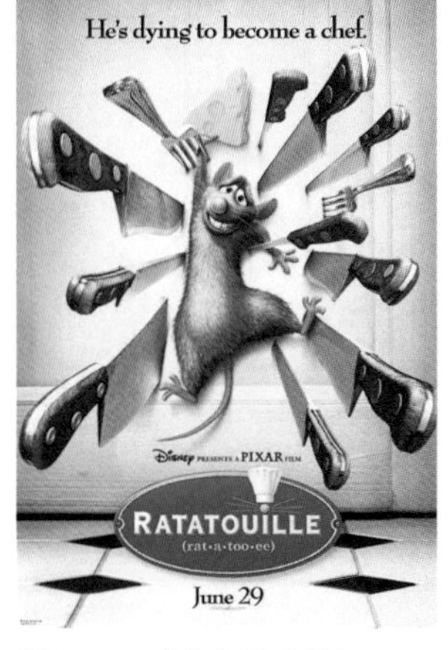

图2－24 《美食总动员》

图2－25 《功夫熊猫》

图2－26 《机器人总动员》

和查理·卓别林的电影以获取灵感，成功地实现了瓦力和伊娃这两个时代感截然不同的机器人的动作表现。大部分的机器人造型是采用Build-a-bot程序完成的，不同的头、手臂和脚被组合在一起，形成了上百种不同的造型，并且采用了简化的动作设计以避免过度拟人化。

2009年，《飞屋环游记》（*Up*）（见图2－27）于5月29日上映，获得了包括最佳影片奖在内的5项奥斯卡提名。影片中的角色设计突破了以往程式化的路线，采取风格化的造型，以简约的几何图形概括主要角色的轮廓特征，结合精细的材质与纹理表现角色的年龄。开发了新的动力学系统模拟角色服装与羽毛等运动效果。对于片中场景的现实来源地点委内瑞拉进行了实地考察，对于真实的地形和自然环境进行了素材收集。根据视觉效果和剧情需要创建了数万个气球模型。

图2－27 《飞屋环游记》

二、2010—2018年：全盛时期

2009年之后，三维动画进入发展的全盛时期，动画生产技术与流程日益成熟，影视作品中三维动画特效的运用成为行业惯例。各国均涉足三维动画领域，涌现出众多动画公司。主流动画全面进入三维动画时期，作品数量和质量均有较大的提升。2010—2018年，全球公映的三维动画电影达到214部，其中票房超过3亿美元的53部（见表2－2）。此阶段三维动画相关核心技术的发展已经达到高峰，三维动画的应用领域进一步扩展，在观众习以为常的三维动画视觉样式之后，艺术创作对于视觉表现提出了更高的要求。技术的进步和开放使得个人用户或小型团队也能够完成三维动画作品创作。

2010年，三维动画音乐冒险电影《魔发奇缘》（*Tangled*）（见图2－28）由华特·迪士尼动画工作室制作，华特·迪士尼影业发行。该电影改编自格林童话《长发公主》，是第50部迪士尼动画长片，花费了6年的时间制作，成本估计为2.6亿美元，成为有史以来制作成本最高的动画电影，也是有史以来制作成本最高的电影之一。这部电影将电脑生成图像和传统动画的特点融合在一起，模仿法国艺术家弗拉戈纳尔（Jean-Honore Fragonard）的洛可可油画艺术风格，使用非真实感渲染来创造画面的油画质感。由于计算机技术的局限性，在表现人类形态的复杂性方面，传统动画电影中使用的许多动画基本原则在早期的三维动画中是缺失的。创作团队试图改变三维动画创作“技术化、工程化”的局限性，让电脑“向艺术家屈膝”，而不是让电脑来决定

表2-2　2010—2018年三维动画电影代表作品

序号	时间	片名（中文）	片名（英文）	国家
1	2010	怪物史莱克4	*Shrek Forever After*	美国
2	2010	驯龙高手	*How to Train Your Dragon*	美国
3	2010	超级大坏蛋	*Megamind*	美国
4	2010	神偷奶爸	*Despicable Me*	美国
5	2010	玩具总动员3	*Toy Story 3*	美国
6	2010	魔发奇缘	*Tangled*	美国
7	2011	里约大冒险	*Rio*	美国
8	2011	功夫熊猫2	*Kung Fu Panda 2*	美国
9	2011	穿靴子的猫	*Puss in Boots*	美国
10	2011	丁丁历险记	*The Adventures of Tintin*	美国
11	2011	赛车总动员2	*Cars 2*	美国
12	2012	冰河世纪4	*Ice Age: Continental Drift*	美国
13	2012	守护者联盟	*Rise of the Guardians*	美国
14	2012	马达加斯加3	*Madagascar 3*	美国
15	2012	老雷斯的故事	*Dr. Seuss' The Lorax*	美国
16	2012	精灵旅社	*Hotel Transylvania*	美国
17	2012	勇敢传说	*Brave*	美国
18	2012	无敌破坏王	*Wreck-It Ralph*	美国
19	2013	疯狂原始人	*The Croods*	美国
20	2013	神偷奶爸2	*Despicable Me 2*	美国
21	2013	怪兽大学	*Monsters University*	美国
22	2013	冰雪奇缘	*Frozen*	美国
23	2014	里约大冒险2	*Rio 2*	美国
24	2014	驯龙高手2	*How to Train Your Dragon 2*	美国

（续表）

序号	时间	片名（中文）	片名（英文）	国家
25	2014	马达加斯加的企鹅	*Penguins of Madagascar*	美国
26	2014	超能陆战队	*Big Hero 6*	美国
27	2014	乐高大电影	*The Lego Movie*	美国、澳大利亚、丹麦
28	2015	疯狂外星人	*Home*	美国
29	2015	小黄人大眼萌	*Minions*	美国
30	2015	海绵宝宝3D	*The SpongeBob Movie*	美国
31	2015	精灵旅社2	*Hotel Transylvania 2*	美国
32	2015	头脑特工队	*Inside Out*	美国
33	2015	恐龙当家	*The Good Dinosaur*	美国
34	2016	冰河世纪5	*Ice Age: Collision Course*	美国
35	2016	魔发精灵	*Trolls*	美国
36	2016	爱宠大机密	*The Secret Life of Pets*	美国
37	2016	欢乐好声音	*Sing*	美国
38	2016	海底总动员2：多莉去哪儿	*Finding Dory*	美国
39	2016	疯狂动物城	*Zootopia*	美国
40	2016	海洋奇缘	*Moana*	美国
41	2016	愤怒的小鸟	*The Angry Birds Movie*	美国、芬兰
42	2016	功夫熊猫3	*Kung Fu Panda 3*	美国、中国
43	2017	宝贝老板	*The Boss Baby*	美国
44	2017	神偷奶爸3	*Despicable Me 3*	美国
45	2017	寻梦环游记	*Coco*	美国
46	2017	赛车总动员3	*Cars 3*	美国
47	2017	乐高蝙蝠侠大电影	*The Lego Batman Movie*	美国、澳大利亚、丹麦

（续表）

序号	时间	片名（中文）	片名（英文）	国家
48	2018	绿毛怪格林奇	*The Grinch*	美国
49	2018	精灵旅社3	*Hotel Transylvania 3*	美国
50	2018	蜘蛛侠：平行宇宙	*Spider-Man: Into The Spider-Verse*	美国
51	2018	无敌破坏王2	*Ralph Breaks the Internet*	美国
52	2018	超人总动员2	*Incredibles 2*	美国
53	2018	彼得兔	*Peter Rabbit*	美国、澳大利亚

电影的艺术风格和外观。[1]华特·迪士尼动画工作室开发了相应的技术与工具，用以实现模仿迪士尼早期动画电影中手绘艺术的柔软流畅性，给CGI带来手绘的温暖和直观感觉[2]，促进了这两种风格的融合。创作团队没有专注于写实主义风格，而是采用了美学方法，更加注重深度的运用，关注对深度的诠释，使用了multi-rigging技术，用多对虚拟摄像机分别拍摄场景中增加深度的各个独立元素，如背景、前景和角色，在后期合成中进行灵活的控制，并解决了现有的技术极限：长发的动画可控性问题，使用了毛发模拟程序Dynamic wire的改进版本；使用了离散微分几何（discrete differential geometry）计算在水中漂浮的头发。

2010年，三维动画短片《仇恨之路》（*Paths of Hate*）（见图2-29）获得了Siggraph电脑动画节评审团大奖。该片由波兰CG动画工作室Platige Image制作。影片讲述了第二次世界大战中德国与英国的两名飞行员驾驶着战斗机在空中厮杀的故事，反映人类盲目仇恨、愤怒和争斗会导致毁灭的主题。短片采用好莱坞大片式的视听效果，片中对于空战场面的表现极为精彩，通过模拟飞行员第一人称视角的镜头机位和大特写镜头的运用，营造出极度紧张的战斗气氛。影片采用了非真实渲染技术，采用Vary渲染器的卡通渲染结合手

1 Bruce Orwall, "Disney Decides It Must Draw Artists Into the Computer Age", *The Wall Street Journal*, October 23, 2003.
2 Bill Desowitz, " 'Little Mermaid' Team Discusses Disney Past and Present", *Animation World Network*. September 18, 2006.

图2－28 《魔发奇缘》

绘纹理创造出类似于素描漫画风格的画面效果，区别于主流三维动画电影常见的立体卡通造型特征，实现了视觉风格上的创新。

2012年，迪士尼动画工作室出品动画短片《纸人》（*Paperman*）（见图2－30），于当年11月2日贴片《无敌破坏王》在北美地区上映，由约翰·卡尔斯（John Kahrs）执导，被评为第85届奥斯卡最佳动画短片、第42届安妮奖最佳动画短片。该片成功地实现了将二维绘画的表现力与CG的稳定性和维度技术优势联系在一起的目的。在创作过程中采用了"final line advection"技术，基于绘画和动画矢量/栅格混合系统，为艺术家提供互动的方式来制作电影，这一技术使艺术家和动画师能够对最终产品进行更为直观和便利的控制。基于这一技术，《纸人》的创作流程部门并没有像之前的三维动画创作那样进行细致的技术分工，二维绘画过程中的变化可以迅速得到三维动画环节的响应。

2013年，《冰雪奇缘》（*Frozen*）（见图2－31）于11月27日全面上映并取得了巨大的商业成功，全球票房收入12.76亿美元，成为有史以来票房最高的动画电影。影片获得奥斯卡最佳动画片奖和最佳原创歌曲奖、金球奖最佳动画长片、英国电影学院奖最佳动画长片等重要奖项。影评人认为该片是迪

图2－29 《仇恨之路》

图2－30 《纸人》

士尼文艺复兴时期以来的最佳动画长片。[1]动画团队有600人到650人，包括约70名灯光师、70名动画师和15名到20名故事板艺术家。为了让动画角色更加逼真与可信，动画团队在动画角色监督的指导下，根据每一位动画师的性格特征分配动画角色的创作任务。软件工程师在数学研究人员的协助下，基于高等数学质点理论和物理学理论，创建了名为Matterhorn的雪模拟器应用程序，能够在虚拟环境中描绘真实的厚重积雪，确保与动画角色的真实互动，在电影中40多个场景中得到了充分的应用[2]，同时开发了多个可实现复杂效果的软件工具：Snowflake Generator为影片随机创建2000个独特的雪花形状；Spaces实现雪人奥拉夫身体各部分的可分解部分运动；Flourish用于如树叶和树枝动画次级运动的生成；Snow Batcher实现角色与雪花或雪地的交互行为的最终外观预览；Toniz毛发效果制作软件，用于制作皮毛和头发的动画元素，如艾莎的头发数量达到了42万根。影片中角色的服装数量为312套，进

---

1 Brooks Barnes, “Boys Don’t Run Away From These Princesses”, *The New York Times*, December 1, 2013.
2 Jason, “Making of Disney’s Frozen: A Material Point Method For Snow Simulation”, http://www.cgmeetup.net/home/making-of-disneys-frozen-snow-simulation/, 2013.

图2-31 《冰雪奇缘》

行运动解算的服装数量达到了245套，远超迪士尼迄今为止的所有其他电影。创作团队利用了大量面料样品和资源库数据，创建了服装设计系统，计算机生成每一件服装都有独立的动画属性和细节，如面料、纽扣、裁剪和缝合等元素，完善了此前的三维动画服装设计的不足。为实现片中艾莎建造冰宫的片段，50位特效艺术家和灯光艺术家合作，创造了这一精彩绝伦的场景。惊人的复杂度导致单帧渲染需要4000台计算机同步工作30小时完成。

2015年，《头脑特工队》(*Inside Out*)(见图2-32)于6月19日在北美上映，获得了多个奖项，包括英国电影学院奖、金球奖、评论家选择电影奖、安妮奖、卫星奖和奥斯卡最佳动画长片奖。这部电影的艺术设计旨在反映20世纪50年代的百老汇音乐剧，用拟人和卡通化的形象生动地演绎了人脑的运作机理。由于心理内部活动和情绪变化难以动画化，"试图表现出情感的样子，这些代表情绪的角色是用能量创造出来的，它们实际是由运动的粒子代替皮肤和实体组成的，代表巨大的能量集合"[1]。

2016年，《疯狂动物城》(*Zootopia*)(见图2-33)由华特·迪士尼动画工作室出品，于2月13日在比利时布鲁塞尔动画电影节首映，3月4日在美国全面上映。它赢得了无数的荣誉，获得了奥斯卡奖、金球奖、评论家选择电影奖、安妮最佳动画长片奖，以及英国电影学院奖最佳动画电影提名。影片中共出现了64个不同的物种，主角朱迪和尼克分别大约有250万根毛发。工程师开发了皮毛控制软件"iGroom"，让角色设计师可以精确控制皮毛的梳理、造型和阴影。制作团队在渲染器 Hyperion 独有的光线轨迹追踪功能上添加了

1 Carolyn Giardina, "Siggraph: Pixar's Pete Docter Reveals the Challenges of His Next Film 'Inside Out'", *The Hollywood Reporter*, July 22, 2013.

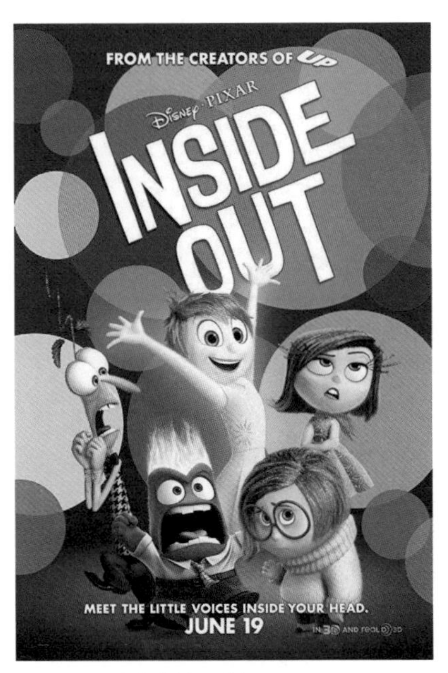

图2-32 《头脑特工队》

图2-33 《疯狂动物城》

“皮毛模式”，创建动物浓密毛皮的真实图像并完美还原了光照效果。还开发了实时显示应用程序 Nitro，用来加速显示更加完整微妙的毛发效果。最初应用于《冰雪奇缘》中的植物和树木生成器 Bonsai，被用来随机生成大量细节丰富的植被。[1]

2016年6月17日，皮克斯动画工作室出品的电脑动画短片《鹬》(*Piper*)(见图2-34)与电影《海底总动员2：多莉去哪儿》一起在影院上映，《鹬》获得第89届奥斯卡金像奖最佳动画短片奖。短片使用了 Houdini、RenderMan 等系统进行制作，沙滩使用 Houdini 中 Grain 解算器模拟沙粒后用物体实例和点云填充整个沙区的颗粒，用皮克斯的 USD (Universal Scene Description) 处理，通过 Light Transport 模拟出自然光照沙粒效果，使用 RenderMan 进行渲染。制作团队用 Houdini 中的 FLIP 解算器制作了水和泡沫，在简单波浪形体的基础上建立特效波浪形体，调整流动性厚度再进行高分辨率 FLIP 模拟。

1 Mona Lalwani, “Fur Technology Makes Zootopia’s Bunnies Believable”, https://www.engadget.com/2016/03/04/fur-technology-makes-zootopias-bunnies-believable/, 2016.

图2-34 《鹬》

图2-35 《海洋奇缘》

泡沫着色采用 Hibryd Volume/thin 表面着色器完成，并使用 GIN 等工具进行泡沫的堆叠和爆破效果的制作。短片中运用了大量的超微距镜头，通过使用 RenderMan 直接渲染生成，部分超级景深镜头结合了重新投射渲染并添加带有深度图像数据的景深模糊等技术完成。

《海洋奇缘》(*Moana*)(见图2-35)2016年11月23日在美国院线上映，在第89届奥斯卡颁奖典礼上获得了奥斯卡最佳动画长片提名和最佳原创歌曲提名。片中海洋既作为故事背景，又在片中作为具备人性的独立角色，成为技术实现的难点与重点。创作团队使用了上百万个粒子生成壮阔的海洋画面，开发了专门用于处理焦散现象(Caustics)的工具，强化水体晶莹透亮的质感，与动态模型和流体结合实现了拟人化的海浪塑造。为了实现片中鸟类翅膀的制作，还成立了专门的技术小组。

2017年，由皮克斯动画工作室制作、华特·迪士尼影业发行的《寻梦环游记》(见图2-36)于11月22日在美国上映，获得了两项奥斯卡最佳动画长片奖和最佳原创歌曲奖，还获得了英国电影学院奖、金球奖、评论家选择电影奖和安妮奖的最佳动画电影奖。影片中使用了许多技术来区分现实世界与

图2-36 《寻梦环游记》

死亡之地。皮克斯团队提出了一套完整的城市设计规划的规则。片中共包括了820万个光源，旧版RenderMan无法完成。经过6个月的研发，Lightspeed和RenderMan团队自制了新的点云照明系统，建立了能够产生数百万灯光效果的控制系统，充分利用了更高效采样的Octree系统，并与精准控制密集灯光的采集系统进行集成，将复杂镜头的单帧概念性渲染时间从1000小时缩短到50小时。由于片中大量出现的角色是没有皮肤和肌肉的骷髅造型，对于已有的表情制作和绑定系统是一次新的挑战。动画师对于此类角色的表现进行了深入的研究和制作方法的尝试。

2018年12月14日，《蜘蛛侠：平行宇宙》（*Spider-Man: Into the Spider-Verse*）（见图2-37）在美国上映。影片由美国索尼哥伦比亚影业与漫威联合出品，鲍勃·佩尔西凯蒂（Bob Persichetti）、彼得·拉姆齐（Peter Ramsey）、罗德尼·罗斯曼（Rodney Rothman）联合执导。该片全球票房超过3.54亿美元，而制作预算仅有9000万美元，获得了广泛的关注与好评。这部电影获得洛杉矶影评人协会奖最佳动画片奖、第76届金球奖最佳动画奖、第24届评论家选

1 Nate Nikolai, " 'Spider-Man: Into the Spider-Verse' Team Talks Diversity: Modern Heroes for a Modern World", https://variety.com/2018/film/news/spider-man-into-the-spider-verse-jake-johnson-brian-tyree-henry-1203071359/, 2018.

图2－37 《蜘蛛侠：平行宇宙》

图2－38 《蜘蛛侠：平行宇宙》中漫画印刷与三维动画结合的独特视觉风格

择奖最佳动画片。这部电影是“蜘蛛侠”系列电影的第一部动画长片[1]，动画制作团队包括142名动画师，是索尼影视图像工作室为一部电影使用过的最大动画团队。

影片主创希望这部电影有自己独特的风格，将电脑动画与传统的手绘漫画技术相结合，认为动画是尊重漫画风格的最佳媒介。制作团队将20世纪60年代蜘蛛侠漫画的印刷技巧与现代三维动画技术结合，创造了独特的视觉风格。为了追求“走进漫画书”的感觉，影片画面结合多种漫画技术，更接近手工创作的质感（见图2－38）。

制作团队通过对于漫画艺术特征的分析，结合三维动画表现手法的特性实现了视觉风格的创新：1. 模拟印刷工艺中图像重合失调的效果替代三维摄像机景深；2. 消除运动模糊，以绘制速度模糊线、相机快门特效等手法替代；3. 使用"一拍二"的方式，即1秒12幅画面，这样的帧速率多见于传统二维动画，在三维动画中极为少见，但可以大幅节约渲染时间成本；4. 利用角色轮廓阴影和轮廓边缘光线营造漫画风格；5. 采用了旧版漫画书数字版本的4色印刷方式，以交叉影线和半色调点混合增强纹理和视觉趣味；6. 通过手绘、元素绑定、非真实渲染等综合手法对于模型线条进行特殊处理；7. 引入"故障特效"，通过合成多个相机不同角度拍摄画面，展现多重宇宙对事物的影响；8. 使用漫画分格叙事形式；9. 在三维环境场景中扭曲几何体的结构和排布获取夸张视角；10. 通过统一光源与环境照明整合了不同风格角色；11. 加入完全手绘的动画特效，保持镜头风格与漫画书基本一致；12. 运用漫画书中常见的活动线、表情符号、文本框、拟声词等视觉表现元素。该片获得了广泛的赞誉，是迄今为止电影中对漫画书最好、最忠实的再现，这也标志着这部电影作为美国特色动画"彻底改变"[1]。

截至2018年，美国在线的电影票房数据统计网站 Box Office Mojo 公布的全球票房最高的前50部动画电影名单中，有47部为三维动画电影，三维动画已经在主流动画电影中占据了统治地位。

1 Amid Amidi, "TRAILER: 'Spider-Man: Into the Spider-Verse' Marks A Radical Shift For U.S. Feature Animation", https://www.cartoonbrew.com, 2018.

第三节　三维动画工具及创作流程的发展

一、三维动画工具的进化

三维动画技术的虚拟特性决定了技术本身必须完成工具的拟态，以实现与创作者的联系。计算机程序通常以图形化界面的方式实现功能化的集成。工具的进步是技术进步最直接的反映。

20世纪70年代末，3D电脑图形软件开始出现在家用电脑上。20世纪80年代出现了许多著名的新商业软件产品，在90年代及之后的3D软件行业有很多发展、合并和交易。

最早的三维计算机图形效果软件是3D Art Graphics，由三泽一正（Kazumasa Mitazawa）编写，1978年6月为Apple II（苹果公司生产普及的微电脑）发布。

1982年，约翰·沃克（John Walker）在加利福尼亚创立了Autodesk公司，专注于个人电脑的设计软件，他们的旗舰产品是AutoCAD。1986年，Autodesk的第一个动画包AutoFlix与AutoCAD一起使用。他们的第一个完整的3D动画软件是1990年为DOS开发的3D Studio。

1983年，斯蒂芬·宾汉（Stephen Bingham）等人在加拿大多伦多创立Alias Research，开发SGI工作站的工业和娱乐软件。他们的第一个产品是Alias-1，于1985年发布。1989年，詹姆斯·卡梅隆的电影《深渊》选用Alias来制作假足动画，在电影动画中获得了很高的认可度。

1984年，比尔·科瓦奇（Bill Kovacs）等人在加利福尼亚创立Wavefront，为电影和电视制作计算机图形，同时也开发和销售基于SGI硬件的软件，开发了他们的第一个产品Preview。该公司的制作部门通过在商业项目中使用该软件进行了优化，为电视节目制作了开场画面。

1984年，汤姆森数字图像公司（TDI）在法国创建，开发和商业化自主3D系统Explore，并于1986年首次发布。

1984年，尼古拉斯·萨维耶（Nicolas Xavier）创建Sogitec Audiovisuel，用

于制作计算机动画电影，使用他们自己的3D软件。

1986年，丹尼尔·朗格洛瓦（Daniel Langlois）在蒙特利尔创立Softimage。推出了第一款产品Softimage Creative Environment，并在SIGGRAPH'88发布，这是第一款三维动画软件，是业界第一款支持反向运动学（IK）系统和其他动画特点，并整合所有3D制作流程功能的商业动画软件。该软件最终在1988年更名为Softimage 3D，成为业界标准的动画解决方案。

1987年，基姆·戴维森（Kim Davidson）和格雷戈·赫马诺维奇（Greg Hermanovic）创建SESI公司（Side Effects Software），收购了3D动画软件PRISM，将这个程序化建模和运动产品开发成一个高端的、紧密集成的2D/3D动画软件。

1989年，TDI公司和Sogitec公司合并成立新公司ExMachina。

1990年，PowerAnimator推出PowerAnimator，通常被称为Alias.

1991—1992年，Softimage开发了更多的功能，包括Actor模块（1991）和Eddie模块（1992）、逆运动学、包络、metaclay、flock动画等工具。Softimage的客户包括许多著名的制作公司。

1992年，Dynamation获得了Wavefront技术的许可，1993年在SIGGRAPH上作为Wavefront公司的3D电脑图形粒子发生器程序产品推出。

1993年，Wavefront公司收购了汤姆森数字图像公司（TDI）及其产品Explore工具套件，包括建模软件3Design、动画软件Anim和交互式真实感渲染器IPR（Interactive Photorealistic Renderer）。1995年，Wavefront被Silicon Graphics收购，并与Alias合并。

1993年，Alias Research开始Maya软件的研发工作。

1994年，NewTek公司开发的LightWave3D作为独立的商业软件程序开始销售，可运行在Mac OS X和Windows平台上。

1994年，微软收购了Softimage，并重新命名了软件包Softimage 3D，两年后发布了一个Windows NT端口。于1998年将Softimage部门出售给Avid Technology。

1995年，SGI收购Alias Research和Wavefront，合并后的公司Alias Wavefront正式成立，该公司专注于开发世界上最先进的数字内容创建工具。PowerAnimator继续用于视觉效果和电影（如《玩具总动员》《鬼马小精灵》和

《永远的蝙蝠侠》)及视频游戏领域。Maya软件的进一步开发继续进行，添加了如动作捕捉、面部动画、动作模糊和“时间扭曲”等新技术。Alias Studio、Alias Designer等CAD工业设计产品在Alias/Wavefront实现了标准化。

1996年，Side Effects Software引入了新一代3D软件包Houdini，以更强大的功能和更易用的界面替代了原有的PRISM。Houdini被世界各地的电影、广播和游戏行业用于开发最先进的3D动画。

1996年，Autodesk 基于Windows NT平台开发了3D Studio Max。3D Studio Max的价格远低于多数竞争对手，很快被视为许多专业人士负担得起的解决方案。在所有的动画软件中，3D Studio Max服务的用户范围最广，被广泛应用于电影和广播、游戏开发、企业和工业设计、教育、医疗和网页设计。

1996年，Cinema 4D V4发布，可用于Windows、Alpha NT、Macintosh and Amiga系统平台。该软件由MAXON Computer公司开发，进行3D建模、动画、运动图形和渲染制作的应用程序。自20世纪90年代初为Amiga计算机所开发，前三个版本只在该平台上可用。

1998年，Alias/Wavefront新的3D旗舰产品Maya推出，成为业界最重要的动画工具。Maya是三个著名软件包的集合，包括Wavefront的Advanced Visualizer、Alias的Power Animator和TDI的Explore。2003年，公司更名为Alias。

1999年，Blender首次参加SIGGRAPH大会，引起轰动。Blender是一款开源的跨平台全能三维动画制作软件，提供了全面的3D创作解决方案。该软件由彤·罗森达尔(Ton Roosendaal)主导自1995年开始开发，2000年，Blender v2.0发布。2002年3月，创办了非营利组织Blender基金会。2002年10月13日，Blende正式发布。

1999年，Pixologic公司开发的数字雕刻和绘画软件ZBrush在SIGGRAPH上发布。演示版本1.55于2002年发布，其工作模式颠覆了传统三维设计工具的创作方式，解放了设计师的创作灵感和工作习惯。

2001年，为了完成“指环王”系列电影中的群集动画创作，开始开发Massive，并在后续几年中发展成为完整的产品，是一款计算机动画和人工智能软件包，用于生成与影视人群相关的视觉效果。通过使用模糊逻辑，可以创建海量的可对周围的环境做出单独响应的人工智能代理角色。

2006年，Autodesk 收购 Alias，将 Studio Tools 和 Maya 软件产品纳入 Autodesk 旗下，3D Studio Max 更名为 Autodesk 3ds Max，Maya 更名为 Autodesk Maya。2008年，Autodesk 从 Avid 手中收购了 Softimage 的品牌和动画资产，结束了 Softimage 作为一个独立实体的地位。Softimage 的视频相关资产，包括 Softimage DS（现 Avid DS）继续归 Avid 所有。Autodesk 成为世界上最大的软件公司之一，服务150多个国家的400多万客户。

Alias MotionBuilder 是用于数字娱乐领域的实时三维角色动画生产力套装软件。利用实时的、以角色为中心的工具的集合，对应处理从传统关键帧到运动捕捉编辑的各种任务。

21世纪头10年，三维动画核心技术日益成熟，软件应用市场细分基本定型，各大软件开发企业均致力于主力产品的版本迭代更新，不断完善功能及优化算法。结合中小型厂商及个人开发的大量插件程序作为辅助创作工具进行补充，从根本上支撑着三维动画创作。经过应用市场的不断检验与资本合并与重组，目前的主流三维动画软件基本均能覆盖创作流程的大多数关键环节，或专注于某一类型的技术解决方案（见表2-3）。

表2-3　主流三维动画软件一览表

序号	应用程序	发布日期、最新版本	研发厂商
1	3ds Max	2018/03/22　v2019	Autodesk
2	Alibre Design	2018/07/16 v2018	Alibre, LLC
3	AutoCAD	2018/09/10　v2019.1.2	Autodesk
4	Blender	2017/11/9　v2.79b	Blender Foundation
5	Carrara	2013/08/26　v8.5.1.19	DAZ 3D
6	Cheetah 3D	2017/12/7　v7.1	Dr. Martin Wengenmayer
7	Cinema 4D	2018/9/11 R20	MAXON
8	CityEngine	2018/09/18　v2018.1	Procedural

（续表）

序号	应用程序	发布日期、最新版本	研发厂商
9	Clara.io	redesigned in 2015/03/31	Exocortex
10	Cobalt	v9 SP2r3	Ashlar/Vellum
11	DesignSpark Mechanical	2018/11/13 v4.0	SpaceClaim, RS Components
12	Electric Image Animation System	2013/06 v9.1.0	EIAS3D
13	Form-Z	2017/12 8.6 WIP	autodessys, Inc.
14	Hexagon	2011/08/16 2.5.1.79	DAZ 3D
15	HiCAD	2017/2/13 v2017	ISD Software und Systeme
16	Houdini	2018/05/15 v16.5	Side Effects Software
17	iClone	2017/12/21 v7.2.1220.1	Reallusion
18	Inventor	v 2018/11/30 v2019.0.2	Autodesk
19	LightWave 3D	2018/08/03 v2018.0.6	NewTek
20	MASSIVE	2017/7/31 v9.0	Massive Software
21	Maya	2019/1/16 v2019	Autodesk
22	Metasequoia	2018/1/10 v4.6.5	O. Mizno
23	MODO	2018/6/21 v12.1	The Foundry
24	Mudbox	2018/3/14 v2018.2	Autodesk
25	POV/Ray	2013/11/09 v3.7.0	The POV/Team
26	PTC Creo Elements/Pro	v4.0	Parametric Technology Corporation
27	Remo 3D	2018/12/14 v2.8	Remograph
28	Rhinoceros 3D	2018/02/06 v6.0	McNeel
29	Shade 3D	2015/03/20 v15.1	Shade3D
30	Silo	2018 v2.5.3	Nevercenter
31	SketchUp Pro	2017/11/1 v18.0.16975	Trimble Navigation

（续表）

序号	应用程序	发布日期、最新版本	研发厂商
32	Solid Edge	2018/06 ST10	Siemens PLM Software
33	solidThinking	v9.0	solidThinking
34	SolidWorks	2018/11/16 v2019 SP0.0	Dassault Systèmes
35	SpaceClaim	2018/01 v7.12	SpaceClaim Corporation
36	TopSolid	2018 v7.12	Missler Software
37	E-on Vue	2017 v 2016 R5	E/on Software
38	Verto Studio 3D	2018/05/06 v2.3.8	Michael L. Farrell
39	Wings 3D	2018/05/30 v2.1.7	Dan Gudmundsson（maintainer）
40	ZBrush	2018/03/27 v2018	Pixologic

二、三维动画创作流程的确立

“动画生产流程是指为完成动画生产任务而进行的一系列逻辑相关生产环节的有序集合。”[1]最初的动画线性创作流程，可以追溯到1906年美国漫画家詹姆斯·斯图尔特·布莱克顿（J. Stuart Blackton）创作的历史上第一部动画电影《滑稽脸的幽默相》所采用的绘制摄录的制作方式。美国迪士尼公司在动画的创作生产中积累了丰富的经验，形成了严谨的流程机制，促进了动画产业流程的成熟。“传统动画的制作整体上分为三个阶段：前期创意设计、中期制作和后期合成。它由创意构思、剧本、人物设计、场景设计、分镜头设计、设计稿、摄影表设计、动画、背景绘制、描线上色、拍摄、合成剪辑等各个环节组成，具备自身独特的制作特点。”[2]三维动画的创作起点和终点与二维动画相同，都是从想法到可视化图像的创作过程，因而，在创作流程上借鉴和吸收了传统动画流程的基本架构，同时结合自身特征进行改良。

三维动画创作流程通常分为前期、中期、后期三个阶段。在前期阶段主

1 李铁主编：《动画生产营销与管理》，湖南大学出版社2010年版，第46页。
2 余本庆：《三维动画艺术创作流程管理优化研究》，《装饰》2013年第11期。

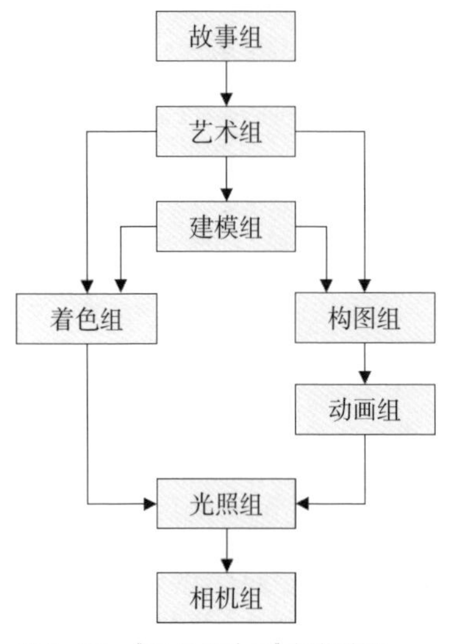

图2－39 《玩具总动员》创作流程

要完成创意和文学剧本、分镜剧本、角色设定、场景设定、模型制作、骨骼和运动系统设置等工作环节；中期进行的制作包括动画制作、材质灯光、特效制作、渲染输出等工作环节；后期包括剪辑、合成（含特效）配音、配音等工作环节。早期的三维动画创作流程可参见1995年第一部三维动画长片《玩具总动员》的创作流程。（见图2－39）

创作人员按照工作内容与性质，分为故事组、艺术组、建模组、着色组、构图组、动画组、光照组、相机组共8个小型团队，各团队的主要工作如下：

1. 故事组：将剧本的文字信息转换为视觉信息。完成故事板和Layout的创作。

2. 艺术组：根据故事板进行视觉元素的概念设计，生成较为详尽且风格一致的设计方案。指导后续各环节的制作。

3. 建模组：角色及场景的模型制作，并完成参数化分析作为依据，提供给动画组与着色组。

4. 着色组：处理与视觉效果相关的工作内容，如材质、纹理贴图、着色器、光照模型等。

5. 构图组：构建正确的三维场景空间和场面调度。设计动作表演空间，规划角色和摄像机的运动行为。

6. 动画组：根据剧情、音效以及构图组构建的场景进行角色的动作制作。在模型组提供的角色的参数化分析数据基础上，生成更为准确和细致的动画表演。

7. 光照组：将艺术组的视觉数据转换为数字场景。进行基本光照环境的构建及完善，确定场景氛围，烘托动作表演。

8. 相机组：完成各个镜头的画面帧渲染。

与二维动画的创作流程相比，三维动画的工作模式采用数字化工具，工作流程环节相对独立，相互牵制较小。在模型创建完成之后，着色与动画等环节可以并行推进。但是各环节涉及不同的学科领域，系统更为复杂，对于创作团队人员构成提出更高的要求。

1995年至今，由于主流三维动画创作的技术基础和创作目的未发生根本性的变化，因此，流程的基本框架具有一定的稳定性，未发生重大变革。但三维创作流程根据项目类别和内容，会进行灵活的局部调整与变化，以确保效率和品质的稳步提升。后续的创作流程在具体的环节上更加细化和完整。（见图2－40）

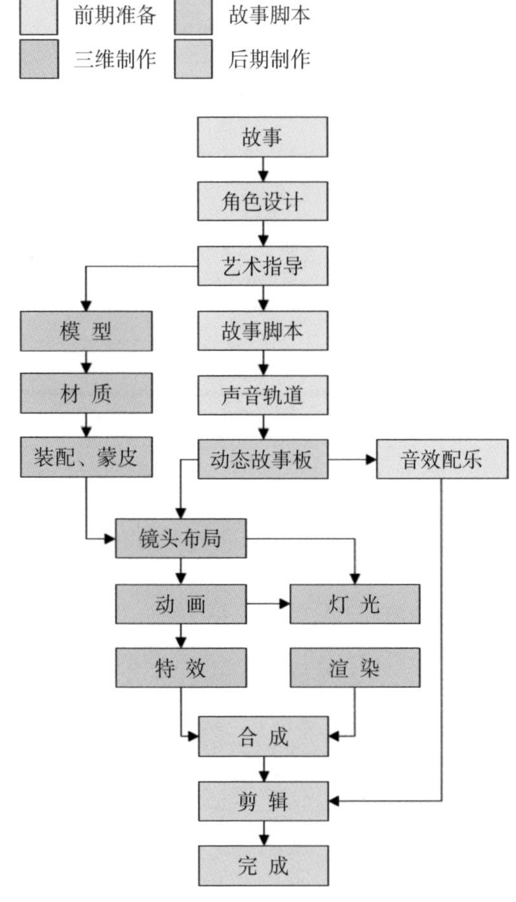

图2－40　三维动画流程

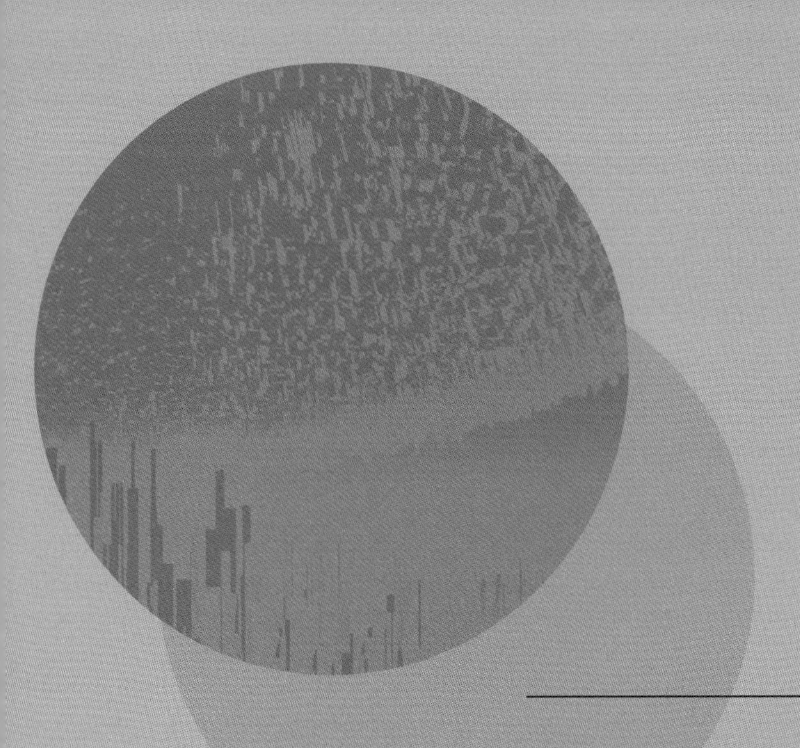

第 三 章

三维动画技术构成及艺术风格流变

第一节　三维动画的技术构成

三维动画具备技术与艺术双重属性，两者密不可分。在最初的发展过程中，三维动画首先以技术的面目诞生，而后作为创作工具服务于艺术。数字技术的发展为三维动画艺术形态的确立提供了必要的基础，同时也对于艺术的发展方向产生着持续的影响。在三维动画创作的过程中，图像的生成基本分为三个阶段：1. 三维建模：生成物体的外观与形体；2. 布局与动画：在虚拟空间中放置模型和动画制作；3. 图形渲染：对于场景进行表面着色及光照设置，通过计算生成二维图像。在实际的创作过程中，上述三个阶段会进行更为深入的细分，涉及造型、运动、着色、渲染以及特定对象模拟等三维核心技术。

一、三维造型及运动技术

在三维计算机图形学中，三维建模是使用专门的软件在三维空间中对物体表面进行数学表示的过程。三维模型通过渲染的过程转化为二维图像的形式显示，也可以用于物理现象的计算机模拟，并可以使用三维打印设备进行物理创建。三维模型可以自动创建，也可以手动创建，或者利用三维扫描技术实现实体模型的数字化信息采集。

三维模型既是一种工作模型又是一种表现模型，三维模型可以分为两类：一是实体模型，定义了所代表物体的体积，主要用于工程和医学模拟，通常用构造实体几何进行构建；二是外壳模型，定义了所代表物体表面及物体边界，而非真实体积（类似于无限薄的纸张构成的空间体积围合），几乎所有在游戏和电影中使用的视觉模型都是外壳模型。两者之间的差异在于创建和编辑方式的变化，以及在不同领域的使用要求与惯例。在视觉表现功能方面是相同的。

常见的模型创建方式：

1. 多边形建模是用多边形表示近似物体表面的方法，将三维空间中的点（称为顶点）通过线段连接以形成多边形网格（见图3-1）。多边形建模具备直观且易于操作的优点，具有最快的显示速度，可以以每秒60帧或更高的帧速率显示非常详细的场景，多边形模型可以从任何角度查看。但是，多边形不能准确地表示曲面，必须使用大量的多边形呈现来接近平滑曲面，会消耗较大的系统资源，需根据实际情况进行优化。显示三维多边形模型的两种主要方法是 OpenGL 和 Direct3D，要在建模环境之外的计算机屏幕上显示模型，必须将该模型以专用文件格式存储并加载。多边形建模是最为灵活的模型创建方式，目前在各个领域中的应用最为广泛。

2. 曲面建模是根据曲线组成曲面，曲面再构建成立体模型的建模方式，曲线受权重控制点的影响，专门用于制作曲面物体的造型（见图3-2）。这种建模方式从一定程度上补充了多边形建模的缺陷，可以进行复杂曲面造型的创建。可使用的曲线类型包括非均匀有理B样条（NURBS）、样条曲线、面片和几何图元。曲面建模方式是最为精确和数据化的建模方式，在工业及产品设计领域占据主导地位。

3. 数字雕刻包括三种类型：顶点雕刻（通常由多边形控制网格的细分曲面生成），存储顶点的新位置是通过使用存储调整后的位置的图像映射进行定位，在目前应用最为广泛；体块堆积，具有与位移相似的能力，但是当区域中没有足够的多边形来实现变形时，不会受到多边形拉伸的影响；动态镶嵌雕刻，使用三角测量分割表面以保持光滑的表面并允许实现更精细的细节刻画。数字雕刻方式最为接近传统雕塑的制作原理及操作手感，该技术方式出现后迅速流行和推广，多应用于数字娱乐领域和艺术创作领域（见图3-3）。

图3-1　多边形建模
（作者原创）

图3-2　曲面建模
（作者原创）

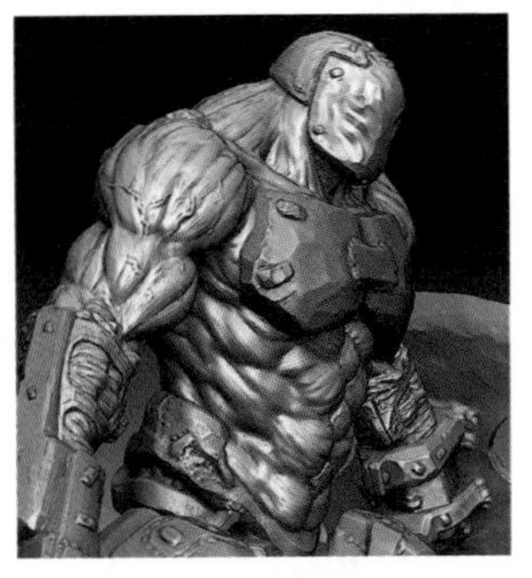
图3-3　数字雕刻建模
（作者原创）

4. 三维扫描是分析现实世界的对象或环境，收集其形状和可能的外观数据的过程。收集到的数据是通过三维扫描仪扫描得到的空间及颜色信息，由被扫描实体表面上的几何样本的点云组成，通常需要从不同方向进行多次扫描，以获得目标物的全方位信息进行校准，然后合并以创建完整的三维模型。

运动影像的基本原理都是基于视觉暂留现象。根据视觉暂留原理，人们要看到流畅的动态图像至少需要有足够多帧的连续图像。通常，电影的帧速率为每秒24帧；电视的帧速率为每秒25帧（PAL制式）或30帧（NTSC制式）。传统的手绘二维动画通常使用每秒8帧或12帧，以节省所需的绘图数量，控制成本。计算机动画使用更高的帧速率以获得更为流畅的效果。三维动画的制作可分为以下类别：

1. 关键帧动画（keyframe animation）：三维动画的关键帧制作概念来源于传统二维动画。在三维动画中，动画师提供关键帧信息，中间帧由计算机生成，插值计算代替了人工劳动。关键帧动画包括两种常用的方式：（1）变形动画，在不同的时间点上定义三维物体的形状变化，由模型顶点或样条线控制点定义形状，以时间点定义运动，对相邻关键帧中每个顶点的相对位置变化进行差值计算生成中间动画，常用于角色表情动画的制作（见图3-4）；（2）参数动画，对于三维虚拟物体的自身属性进行参数设置，以参数定义状态，以参数值关键点定义运动，通过对两个时间点之间的数值变化进行差值计算得到中间动画。

图3-4　角色表情动画（作者原创）

2.算法动画（algorithmic animation）：根据物理规律进行参数计算的动画制作方式。对于虚拟对象的变换进行定义，如移动、旋转、缩放。由状态变量参数控制变换，根据物理规律进行改变。算法动画分为：（1）运动学算法动画，运用几何学描述物体位置随时间的变化规律进行动画的制作，强调对于运动物体的位置与方向进行精确控制以达到所需视觉效果。（2）动力学算法动画（物理动画），以作用于物体的力与物体运动的方法进行动画的制作，强调物理定律下物体运动的整体质量与人工干预结合后的可信度。采用物理模型的优势在于动画人员可从底层细节中解脱出来，且仅关注"高层关系"之间的确定方案以及运动质量[1]，可根据物理特性实现更为丰富的表面特征，操作过程较为灵活。缺点在于计算数据量需耗费大量系统资源，并且解算过程不受人工干预控制，计算结果会与创作者的期望效果存在差异。

关键帧动画和算法动画在各方面存在一定的差异（见表3-1），两者在实际制作中通常需要结合使用。

1 参见［美］里克·帕伦特《计算机动画算法与技术》（第三版），刘祎译，清华大学出版社2018年版，第177页。

表3-1 关键帧动画和算法动画的性能与比较

动画类型	关键帧动画		算法动画	
	形状差值	参数差值	运动学	动力学
动画品质	取决于关键帧数量	取决于关键帧数量	取决于所用规律，通常不逼真	很逼真
系统资源	取决于点数和差值规律类型	取决于参数数量	取决于规律，较节约系统资源	耗费系统资源
人工干预情况	干预较多，缺乏创造性	较少干预，较有创造性	难度高，取决于人机界面	可能受限
通用性	很差	较好	很好	好
难点	除使用大量关键帧或复杂差值规律外，通常不逼真	需要寻找最佳参数设置	不易找到逼真性好的规律	全部基于动力学的动画解算需要付出较高代价

3. 骨骼动画（skeletal animation）：骨骼动画是制作角色或机械物体动画的标准方法，通过物体间的层次链接关系实现关联运动，从而对肢体关节进行高效的操控。在三维动画中的操作包括两个部分:（1）装配（rig），建立相互关联，并具备层级链接关系的操控结构;（2）蒙皮（skin），将三维模型附着在操控结构上实现同步运动的表面驱动设置。这种技术可用于所有的动画系统中，较为常见的是人物角色或生物角色的制作（见图3-5），其实质为动画师通过简化的用户界面控制复杂的算法和大量的几何图形，实现算法动画和变形动画的直观同步操纵，因而可以应用于对任何物体的控制。这项技术是由纳迪亚·马格纳特·塔尔曼（Nadia Magnenat Thalmann）、理查德·拉佩里埃尔（Richard Laperrière）和丹尼尔·塔尔曼（Daniel Thalmann）于1988年提出。[1] 骨骼动画的动画控制分为FK（正向运动学，Forward Kinematics）和IK（反向

1 N. Magnenat-Thalmann, R.Laperrière, D. Thalmann, "Joint-Dependent Local Deformations for Hand Animation and Object Grasping", *Proceedings Graphics Interface '88*, 1988, pp.26-33.

运动学，Inverse Kinematics）两种。FK 可以实现较为自然和准确的动画效果；IK 可以快捷地实时生成骨骼运动的关键帧，便于制作角色根据外界环境实时的反应动作。两者各有优缺点，在实际的制作中会较多采取 FK 和 IK 混合（FK/IK blend）的控制方式（见图 3-6）。

4. 运动捕捉（motion capture，简称 mocap）：在电影制作和视频游戏开发中，记录真人演员的动作，并利用这些动作信息在二维或三维计算机动画中驱动数字角色模型进行表演。当捕捉内容包括面部表情和手指微妙动作时，通常被称为“表演捕捉”。

图3-5　角色动画骨骼系统（作者原创）

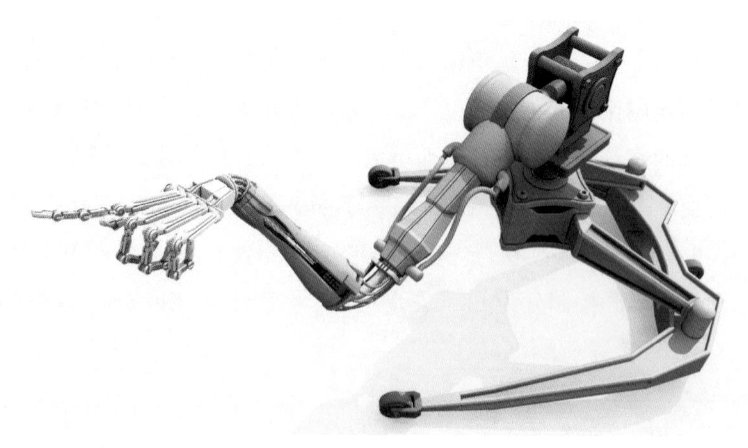

图3-6　FK、IK 混合控制方式（作者原创）

与传统的三维动画制作方法相比，运动捕捉有以下优点：(1)低延迟，接近实时获得结果，可以有效地降低动作制作成本；(2)工作量不会随着表演内容的复杂性或长度而变化，只受演员表演才能的限制；(3)易于以物理精确方式重建复杂运动和真实物理交互作用，如二次运动、重量和力的交换；(4)与传统动画动作制作方式相比，在单位时间内可以生成的动画数据量大，有助于满足成本效益和生产期限要求。运动捕捉技术也存在缺点与不足：(1)依赖于特定场地、硬件和软件程序条件，所需前期投入成本较高；(2)逐帧进行记录的方式不易修改与二次编辑，在出现错误的情况下重新捕捉比修改动作文件更容易；(3)无法捕捉不遵循物理定律的运动，表演者结构与数字模型结构比例的差异性容易导致动作误差；(4)无法捕捉传统动画运动规律中的夸张动作风格，如弹性、挤压和拉伸等动作效果，必须在后续环节中添加。

三维动画中常用的运动捕捉系统包括：惯性运动捕捉系统、机械运动捕捉系统、电磁式运动捕捉系统、光学式运动捕捉系统。

惯性运动捕捉系统：基于微型惯性传感器、生物力学模型和传感器融合算法。多数惯性系统使用包含陀螺仪、磁力仪和加速度计组合的惯性测量单元来测量旋转速率，这些旋转被转换成软件中的骨架。惯性运动捕捉系统可以实时捕捉人体的完整运动，其优点是捕获区域不受限制，可以在各种环境中进行动作数据的捕获。缺点是定位精度较低，容易出现位置漂移。

机械运动捕捉系统：通过连接到身体的传感器直接跟踪身体关节的角度，通常称为外骨骼运动捕捉系统。表演者将关节状机械结构附着在身体上，机械部件随表演者动作移动，测量部件间的相对运动，部分系统可提供有限的力反馈或触觉输入。其优点是机械系统成本低，精度高，可实时测量，可同时捕捉多个角色的动作。缺点是机械结构阻碍并限制了表演者的运动，难以用于连续运动的实时捕捉。

电磁式运动捕捉系统：由电磁场发射源、接收传感器、数据处理三个核心单元构成。在电磁场发射源制造的空间中，通过精确跟踪放置在表演者身体关键位置的接收传感器信号，进行空间位置映射。电磁式运动捕捉系统的优点是它记录六维信息，可同步得到空间及方向信息；表演者和动画人物模型高度同步，便于排练和调整；设备设置简单，技术成熟，稳定性好，成本相对较低。缺点是环境要求较高，演出场地附近不能有金属物品；系统允许捕捉的范围小于光学式运动捕捉。

光学式运动捕捉系统：利用从图像传感器捕获的数据，在多个经过校准的摄像机之间根据物体三维位置进行三角测量，以提供重叠投影。数据采集通常使用附加到参与者的特殊标记来实现。新的混合系统将惯性传感器和光学传感器结合起来，以减少遮挡，提高捕捉精度。光学运动捕捉的优点在于表演者具有较大范围的活动空间，无电缆或机械限制，表演自由度高且使用方便；较高的采样速率可以满足多数高速运动测量的需要；系统升级及扩容方便；可用于表情捕捉。面部表情捕捉即使用传统的光学式运动捕捉技术，将标记放置于表演者脸部，以实现低分辨率的表情捕捉，但应用标记、校准位置和处理数据较为烦琐和低效。新技术为高保真面部动作捕捉，用于捕捉面部更为细腻的表情，该技术集成了多领域科技，包括传统的动作捕捉技术、基于混合形状的解决方案、捕捉演员面部的实际拓扑结构等。

二、三维着色及渲染技术

在计算机图形学中，着色器（shader）是描述顶点或像素特征的程序。顶点着色器描述顶点的特征（位置、纹理坐标、颜色等），像素着色器描述像素的特征（颜色、z-depth和alpha值），替换了图形硬件中的固定功能管道（Fixed Function Pipeline，简称FFP）部分，以高度的灵活性计算图形硬件上的呈现效果。“shader”的现代用法是由皮克斯公司在1988年5月发布的“RenderMan接口规范3.0版”中引入的。最早具有可编程像素着色器的显卡是2000年发布的Nvidia GeForce 3（NV20），使用Direct3D 10和OpenGL 3.2引入了几何着色器。着色器广泛应用于电影后期处理、计算机生成的图像和视频游戏中，包括照明模式，改变色相和饱和度、亮度或对比度的图像，产生模糊全局光照、体积照明、法线贴图、凹凸贴图、失真、色度键控等效果。

着色器包括以下类型：

1.2D着色器：2D着色器仅包括像素着色器一种类型，作用于数字图像，修改像素的属性，可以纹理的方式参与三维几何图形的渲染（见图3-7）。

像素着色器也称为片段着色器，计算每个“片段”的颜色和其他属性，不能单独产生复杂效果，只能对一个片段进行操作。然而，由于像素着色器明确正在绘制的屏幕坐标，如果将整个屏幕的内容作为纹理传递给着色器，则可以对屏幕和附近的像素进行采样，以实现多种二维后处理效果，比如模糊、卡通着色器的边缘检测。因此，像素着色器是唯一可作为视频流光栅化后的后处理器或过滤器的着色器。

2.3D着色器：作用于3D模型或其他几何图形，但也可以访问用于绘制模型或网格的颜色和纹理，包括顶点着色器、几何着色器、镶嵌着色器三种类型。

顶点着色器（vertex shaders）：是最成熟和最常见的一种3D着色器，作用于图形处理器的每个顶点（见图3-8）。将虚拟空间中每个顶点的3D位置转换为在屏幕上出现的2D坐标或Z缓冲区的深度值。顶点着色器可以操作位置、颜色和纹理坐标等属性，输出信息进入几何着色器或者光栅化器，可以在任何涉及三维模型的场景中对位置、运动、灯光和颜色的细节进行强大的控制。

几何着色器（geometry shaders）：是一种较新的着色器类型，在Direct3D 10和OpenGL 3.2中引入。可以生成新的图元，如点、线、三角形。几何着色程序在顶点着色器与像素着色器之间执行。顶点着色器输入顶点，几何着色器输入整个图元，经过投影分割后进行光栅化，最终传递给像素着色器。

图3-7　纹理在三维模型上的应用（作者原创）

图3-8　顶点着色在三维模型上的应用（作者原创）

几何着色器的优点是自动修改网格复杂性。曲线的控制点被传递给几何着色器，着色器可以根据所需的复杂程度自动生成额外的线条，以获取更为平滑的表面。

镶嵌着色器（tessellation shaders）：在Direct3D 11和OpenGL 4.0中，添加了镶嵌着色器。它在传统模型上增加了两个新的着色器阶段：镶嵌控制着色器和镶嵌评估着色器，允许更简单的网格在运行时根据数学函数细分为更细的网格。该函数可以与各种变量相关，最显著的是与可视摄像机的距离，以实现主动的细节级缩放。这使得靠近相机的物体可以有精细的细节，而更远的物体可以转换为更加概括的几何体结构，并尽可能地维持显示质量。这种方式有利于对硬件资源和网络传输带宽的节约。

渲染是将三维空间信息处理转换为二维图像的三维计算机图形学过程。计算机中场景或人物用三维形式表示，便于操纵和变换。图形的显示设备为二维的光栅化显示器。将三维场景表示为二维光栅和点阵化信息就是图像渲染，即光栅化。渲染是从准备好的场景中创建实际二维图像或动画的最后一个过程。针对不同效果的渲染要求，有多种技术方式可供选择，如非写实的线框渲染、基于多边形的渲染、扫描线渲染、光线跟踪或光能传递渲染。

在1987年以前的第一代渲染技术中，模型顶点属性只包含位置和颜色，顶点运算只包括对顶点位置的简单变换、顶点的裁剪和投影，光栅化处理中对顶点颜色也只进行了简单的内插，像素运算则很简单——覆盖。1987—1992年渲染技术发展到第二代，顶点属性中增加了法向，用来进行光照计算，并引进“深度”的概念，典型的应用就是深度缓冲。在光栅化处理中还增加了深度内插，像素运算中增加了颜色混合技术，丰富了画面的色彩感和层次感。1992—2000年，第三代渲染技术解决了纹理贴图的问题，在顶点属性中增加了纹理坐标，顶点运算中也相应地增加了纹理坐标的变换和内插；光栅化处理中增加了纹理坐标内插；像素运算中增加了纹理寻址和混合以及反锯齿等技术，使画面质量得到有效的提升。2000年后，以可编程渲染为代表的第四代渲染技术产生。在第四代渲染技术中，图形开发人员可以对渲染管线中的顶点运算和像素运算分别进行编程处理。

三维渲染包括两类常用方式：（1）实时渲染（Real-time Rendering），主要目标是在最快渲染速度下达到尽可能高的逼真度。实时渲染通常被用于多边形模型，并借助于计算机的GPU（图形处理器，Graphics Processing Unit）运算。计算机处理能力的快速增长使得实时渲染的真实感得到提升，逐渐从游戏、VR等领域扩展至传统三维动画的应用领域。（2）离线渲染（Offline Rendering），以渲染时间为代价，利用有限的处理能力来获得更高的图像质量。使用离线渲染方式的动画，如故事片和视频，渲染速度较为缓慢。在目前数字媒体和艺术作品主流的写实风格画面的渲染中，通用方法为光线跟踪、路径跟踪、光子映射或光度学等技术，并发展出众多模拟其他真实世界现象的渲染技术，如体积采样（volumetric sampling）、焦散效果（caustics）、次表面散射效果等。

光照在三维动画中对于最终渲染效果有很大的影响，包括两种常用的光照模型。

1. 局部光照（Local Illumination）：只考虑光源到模型表面的照射效果的光照算法（见图3-9）。早期的三维光照技术无法实现光线的反射与散射，仅能够实现直射光以及阴影，场景灯光的设置是基于经验的，需要手动进行布置及调整。

2. 全局光照（Global Illumination）：考虑到环境中所有表面和光源相互作用的照射效果的光照算法，既包括了直接来自光源的光线，又包括来自同一光源的光线被场景中其他表面反射的情况（见图3-10），目的是为3D场景添加更真实的照明，增强虚拟场景的真实感。现代三维动画广泛使用全局光照进行场景光照计算渲染。

图3-9　局部光照（作者原创）

图3-10　全局光照（作者原创）

三、特定对象模拟技术

特定对象模拟技术针对两类对象：1. 在自然界中常见的，但是外形难以通过静态、简单拓扑结构定义，运动过程中会导致表面结构破坏的对象，如粒子系统、液体、气体等流体模型；2. 在角色表现中常见的结构统一，但运动过程会呈现大量复杂碰撞或延展接触的对象，包括毛发、布料等内容。

液体、气体、火焰等对象的运动属于计算流体动力学（Computational Fluid Dynamics，简称 CFD）范畴。云、火焰、烟雾等气体现象难以进行表面建模，其本质属于体积模型，不存在既定几何形体和拓扑结构。虽然在静态状态下可进行表面造型描述，但发生运动时，表面形态的变形运动极其复杂，同时会出现拓扑结构的局部脱离，较常使用的解决方案是容积模型结合粒子系统（见图3-11）。

布料在日常动画制作中较为常见，如衣服、窗帘、旗帜、桌布等。在虚拟角色的表现中，服装与角色表面之间的交互效果（碰撞、滑动等）可以提供重要的视觉特征。布料具有轻薄、柔韧、可延展的特性，视觉上通常不包括结构及深度特征，使用单一几何元素建模。由于布料包括较大的网格数量，因此无法使用简单的定位工具实现逼真效果，需采用计算密集型的自动

图3-11　流体制作效果（作者原创）

图3-12　毛发运动效果（作者原创）

方案予以解决。

毛发制作是虚拟人物和动物的难点之一。人类的头发数量约100,000根，动物的毛发数量更为巨大。由于毛发的数量特性，加之与生长表面及相互之间距离接近，在运动中受到外部作用力的影响时会产生极其复杂的运动形态，模拟过程较为复杂(见图3-12)。

上述对象具备相似特征：1.对象外观具备明显的特征，但难以进行运动控制；2.以表面模型实现的体积模型；3.计算密集型对象；4.解决方案通常依靠物理动画结合其他综合技术手段。随着计算机技术的发展，特定对象的模拟技术领域已经取得了显著的进步，但仍处于有限的应用范围之内，高效、精确、生动的解决方案仍在探索之中。

第二节　三维动画的艺术形式变迁

纵观三维动画的发展历程，可以发现三维动画技术发展对于艺术表现形式与艺术风格的影响。在不同时期的技术背景下，三维动画的视觉风格可分为技术风格阶段、复制现实阶段、强化真实阶段。

一、技术风格阶段

20世纪70年代的三维动画处于试验阶段，实现了计算机图形技术的基础积累，现代三维动画的大多数基础原理和技术思路在这一时期诞生，对技术发展方向产生了重要的影响。三维动画发展至80年代中后期，呈现出技术应用领域倾向的分化：（1）服务于电影工业的视觉特效应用；（2）作为创作辅助手段应用于传统二维动画；（3）基于传统动画基础的三维叙事动画短片创作探索。在这一阶段中，三维创作工具系统逐渐成形，支撑三维技术的硬件与软件得到发展，三维技术的商业潜力被慢慢发掘出来。这一时期的三维动画较多应用在科学幻想类题材影视作品中。由于硬件性能和软件技术的客观限制，无法实现逼真的模拟效果。计算机图形技术以科技奇观化的视觉风格配合传统特效美术手法辅助电影的创作，代表作品以科学幻想题材为主，所使用的三维动画元素均以计算机图形技术视觉特征呈现，以技术本身的外观反映未知领域。可简要概括为以下类型。

1. 三维线框模型结构：线框模型（wireframe），用顶点和邻边描述三维对象的轮廓和结构。这种风格以可见的几何学拓扑结构为基础，将物象的体积与轮廓进行重构再现，采用单一元素的复杂化分割丰富或填充画面，与日常认知经验产生强烈的冲突，获得新奇的视觉感受。如《计算机动画手》中技术扮演了形式与内容的双重角色（见图3–13）；《电子世界争霸战》中营造了线框形态的虚拟空间分界（见图3–14）。

2. 复杂的体块造型与材质置换：如《最后的星际战士》中太空船的机械造型（见图3–15）；《星际迷航4：回家的旅程》（见图3–16）、《深渊》（见图3–17）中使用三维技术实现角色材质替换。

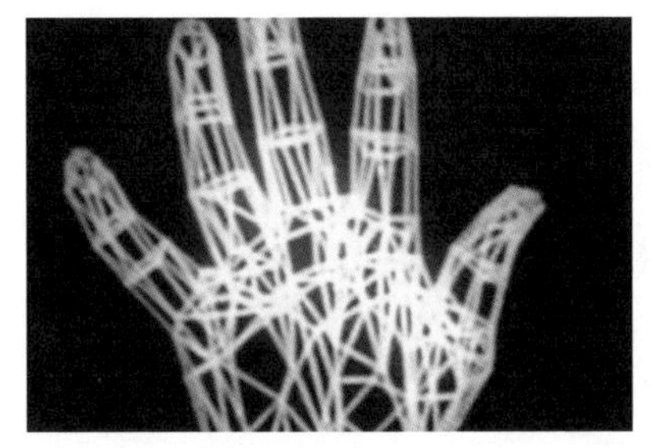

图3-13 《计算机动画手》

图3-14 《电子世界争霸战》

图3-15 《最后的星际战士》

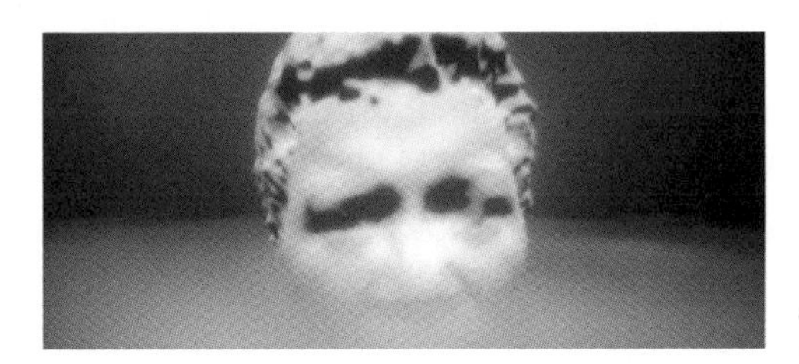

图3-16 《星际迷航4：回家的旅程》

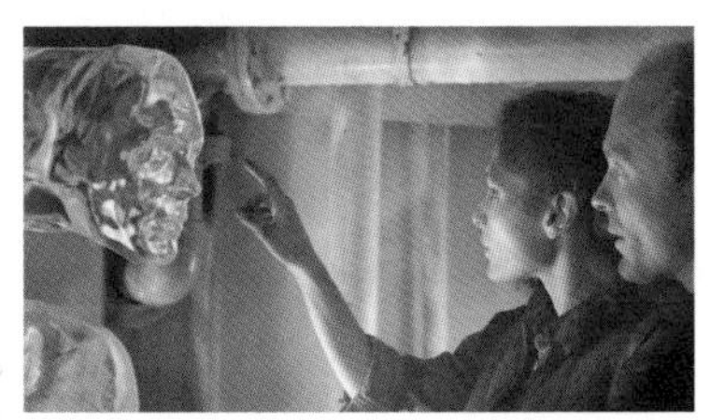

图3-17 《深渊》

20世纪80年代，皮克斯公司开始进行三维动画短片的探索，完成了早期的三部动画短片。虽然受限于当时的技术，角色的造型风格以传统动画的卡通样式为基础，或者采用机械结构的拟人化表现，以类似于传统偶动画关节技术实现运动，模型着色与光照也较为粗糙和简单。但是这三部动画短片奠定了现代三维动画的创作路线的基础：传统动画假定性特征与计算机三维动画技术虚拟性特征的融合。如《安德鲁和威利的冒险》（见图3-18），角色造型设计接近迪士尼动画风格，由简单的三维几何体构成，场景尽可能地模拟

图3－18 《安德鲁和威利的冒险》

图3－19 《顽皮跳跳灯》

图3－20 《锡铁小兵》

真实自然环境，表面呈现无明显差异的塑料质感，使用了运动模糊技术；《顽皮跳跳灯》（见图3－19）采用机械结构的运动学设置进行拟人化表演、舞台聚光灯直接光照效果；《锡铁小兵》（见图3－20）中真实环境和材料质感的表现有一定提升，运动方式依然基于玩具刚体关节。

二、复制现实阶段

20世纪90年代至21世纪初。计算机图像技术的基础理论与实践探索为三维动画的发展奠定了基础，加强了三维技术对于真实世界的模拟与数字化复制能力，成功地应用于传统影视和动画领域，并实现了自身艺术形式和技术流程的突破。1995年，三维动画电影《玩具总动员》成功完成了三维动画长片的创作尝试，标志着三维动画艺术形式的正式确立。自此，三维动画的发展脉络开始出现了明确的分化：影视特效 VFX 与三维动画影片。该时期的整体视觉风格可概括为写实化，即对现实的数字化复制。

在影视特效领域，三维技术得到了大规模的扩展应用，使用计算机生成

图3－21 《泰坦尼克号》中的数字人群

图3－22 《泰坦尼克号》中的数字海水

图3－23 《终结者》中的机器人

图像成为电影特效制作的主要途径。写实风格替代了之前的“技术奇观化”风格。对于现实世界进行基于内容假定性的复制，可分为以下两点。

1. 对于真实世界的再制与复原。通过计算机三维技术产生现实中由于成本、历史等原因无法再现的视觉元素，起到对现实的补全作用，追求尽可能消除技术痕迹，实现与现实的融合，服务于作品的主题与叙事。如《泰坦尼克号》中使用三维技术实现乘客人群、数字技术生成的海水（见图3－21、图3－22）。

2. 对于真实感元素的复制。通过数字技术创造出以现实为依据或以现实元素为依据的虚构物象，目的在于营造虚拟元素的高度可信性，服务于注重奇幻影像效果表现的奇观电影。如“终结者”系列中的液体金属机器人（见图3－23）、“侏罗纪公园”系列中的数字恐龙（见图3－24）、《星球大战前传1：幽

图3－24 《侏罗纪公园》中的数字恐龙

图3－25 《星球大战前传1：幽灵的威胁》中的虚拟角色

图3－26 《指环王》中的数字场景、数字角色与群集动画

灵的威胁》中的虚拟角色（见图3－25）、“指环王”系列中的数字场景、数字角色与群集动画（见图3－26）。

在动画领域，三维动画一方面受到传统动画艺术形式的约束与限定，在艺术语言上延续传统动画夸张、变形、拟人的假定性特征，另一方面，在三维技术的支撑下实现了对真实世界物象特性的写实表现，完成了三维动画艺术类型的确立，进一步呈现动画中人性与物性的结合，因而确立了相对独立的艺术类型。符合观众认知经验并更具视觉真实感的三维动画电影获得了大众的认可，对于传统动画形式产生了强烈的冲击。

这个阶段是三维动画确立独立类型并巩固特征的关键时期。所有的技术发展路线和应用路线都以模拟现实为核心，即基于形式假定性的现实复制，从而确立了三维动画在传统动画假定性特征基础上的视觉真实感特征。主要表现为对现实世界物理规律的复制，甚至出现了极度写实风格的作品，颠覆了传统动画的假定性，模糊了动画和实拍影像的界限。

1. 由于创作成本和技术等因素的影响，20世纪90年代有代表性的几部三维动画电影均选择了玩具、昆虫等硬关节运动角色设计。皮克斯动画在短片《棋逢敌手》中率先进行了人类角色的创作尝试，三维动画的角色类型从关节类角色过渡到人类角色。该时期的几部典型作品，如《玩具总动员》（见图3–27）、《蚁哥正传》（见图3–28）、《超人总动员》（见图3–29）、《飞屋环游记》（见图3–30），都可以看出从连续表面模型、骨骼绑定、表情控制、皮肤质感等方面取得了长足的进步，角色的视觉表现品质在不断地加强。

2. 追求照片级写实精度的虚拟角色，对于模型、纹理的质量和表现方式提出了极高的要求，已达到了当时技术实现能力的极限。同时，完全写实风格化的虚拟角色需要高度写实风格的运动与之匹配。结合动作捕捉技术实现真人演员动作的移植，角色装配及蒙皮技术也随之呈现出写实化的倾向，衍生出根据所表现对象的生物结构特征设计肌肉运动模拟系统的解决方案，能够实现逼真的运动细节。代表作品如《恐龙》（见图3–31）、《最终幻想：灵魂深处》（见图3–32）。

3. 次表面散射、光线追踪、全局光照等技术在这一时期得到了广泛的应用。真实世界中的光影、材料质地被逼真地再现于数字虚拟平台。对比《虫虫特工队》（见图3–33）、《海底总动员》（见图3–34）、《美食总动员》（见图3–35）、《机器人总动员》（见图3–36）等几部作品，可以明显看到质感与渲染效果的提升。

4. 毛发与布料等特殊表现对象作为三维表现的难点，成为本时期的技术

图3－27 《玩具总动员》

图3－28 《蚁哥正传》

图3－29 《超人总动员》

图3－30 《飞屋环游记》

图3－31 《恐龙》

图3－32 《最终幻想：灵魂深处》

解决焦点，从早期作品《怪物公司》（见图3－37）、《冰河世纪2》（见图3－38），到《快乐的大脚》（见图3－39）、《功夫熊猫》（见图3－40），三维动画能够表现的毛发数量及运动效果在这一阶段实现了巨大的提升。

三、强化真实阶段

20世纪的第一个10年，主流动画全面进入三维动画时期。影视特效三

图3－33 《虫虫特工队》

图3－34 《海底总动员》

图3－35 《美食总动员》

图3－36 《机器人总动员》

图3－37 《怪物公司》

图3－38 《冰河世纪2》

图3－39 《快乐的大脚》

图3－40 《功夫熊猫》

维动画模拟真实的技术在不断持续迭代发展，具备了对真实世界进行完整数字化的写实能力。三维动画初步完成了在传统动画基础上的样式革新，在写实的基础上进一步强化超越常规的表现力。该阶段三维动画艺术表现倾向于在写实基础上的艺术提升，一方面，通过技术的完善继续强化“拟真”能力，更加关注物理特性的艺术夸张以及创作的可控性；另一方面，开始了对已有艺术形式的借鉴与移植。在三维技术与动画艺术结合的同时，继续导入其他艺术的形式语言，通过“拟态”产生更为多元的视觉风格，产生情感的形式，延展表达美学意境。

1.三维动画的艺术风格经过十余年的高速发展已基本定型。写实风格在这一时期继续深入挖掘技术潜力，达到了视觉真实感的高峰。如《冰雪奇缘》再现了逼真的冰雪质感（见图3-41）；《疯狂动物城》完整构造了动物社会所有元素（见图3-42）；《阿丽塔：战斗天使》创造了细节写实新高度的虚拟角色（见图3-43）。

2.借由对真实原理的科学认知，掌控底层技术进行构造与再现，强化了科学与艺术结合后的控制能力。在产生极致真实效果的同时，强化了对创造物的操控，将表现领域扩展至微观世界或宏大场景的营造。如《魔发奇缘》中角色长发的模拟（见图3-44）；《头脑特工队》中对于使用粒子进行抽象情绪的可视化表达（见图3-45）；《海洋奇缘》中大海的拟人化表现（见图3-46）；《鹬》中精致细腻的微距画面（见图3-47）；《寻梦环游记》中璀璨的城市灯光（见图3-48）。

3.三维动画的技术实现优势不仅适合再现真实世界中的具体物象，也适合进行其他传统艺术类型的模拟。在三维动画成为主流动画创作方式和行业标准之后，以写实为目标的技术探索开始陷入迭代重复的状态，单纯地依靠技术提升真实感的发展路线终将逐渐缓慢乃至停滞。三维动画的同质化特性从材料和媒介方面消弥了传统动画不同类型之间的差异。三维技术的开放性和多元性反而受到了固有艺术样式的制约与束缚。少数艺术家和创作机构将目光投向更为多元化艺术风格的作品创作，进行了一系列探索及实验。如《仇恨之路》的素描风格（见图3-49）、《纸人》模仿迪士尼经典二维动画风格（见图3-50）、《蜘蛛侠：平行宇宙》将20世纪60年代漫画风格与现代三维动画进行融合（见图3-51）。

图3-41 《冰雪奇缘》

图3-42 《疯狂动物城》

图3-43 《阿丽塔：战斗天使》

图3-44 《魔发奇缘》

图3-45 《头脑特工队》

图3-46 《海洋奇缘》

图3-47 《鹬》

图3-48 《寻梦环游记》

图3-49 《仇恨之路》

图3-50 《纸人》

图3-51 《蜘蛛侠：平行宇宙》

自诞生至今不足半个世纪的三维动画，在计算机技术的支撑下，呈现出蓬勃的活力与独特魅力。“由计算机制作的数字影像造型手段释放了创作者的想象力，把电影艺术、电视艺术从纪实再现提升到对人类想象的各个层次的具体呈现。同时，新的造型手段催生了新的视觉效果，刷新了受众的视知经验。”[1]上述三个阶段的变化实际上是由技术革命和技术进步所引发的美学基础的变化。

1 贾秀清、栗文清、姜娟等编著：《重构美学：数字媒体艺术本性》，中国广播电视出版社2006年版，第63页。

第三节　三维动画艺术创作研究的关键问题

一、三维动画阶段性特征数据分析

为了更为准确地了解三维动画的现实存在状态，总结其发展规律，下文对1995年至2018年全球范围内的三维动画创作及生产情况进行了数据收集与整理。

1. 对1995—2018年全球范围内上映的具有代表性的三维动画电影进行统计，针对不同时期三维动画的创作数量进行汇总分析。数据显示：三维动画的发展在进入21世纪后呈现出几何式的增长速度（见表3-2），作品创作数量可以显示市场对于这一艺术形式的接受与欢迎。

表3-2　1995—2018年各时期三维动画影片数量统计

时期	影片数量
1995—1999	6
2000—2009	125
2010—2018	209
共计	340

2. 针对三维动画创作的推广及普及情况进行汇总分析，数据显示：具备三维动画制作能力的国家已达到44个，欧美国家如美国、比利时、英国、法国、加拿大、德国等创作总数量领先其他国家和地区，其中美国的作品创作数量居首位。亚洲地区的传统动画发展以日本为首，中国次之，韩国、印度紧随其后，在亚洲其他国家也有较为广泛的普及。（见表3-3）

3. 对1995年至2018年全球动画电影票房排名靠前或具有重要意义的三维动画电影进行统计。针对三维动画影片的制作机构情况进行汇总分析，数据显示：这些影片大多为美国参与或独立制作出品，其中独立制作及出品的有80余部。美国在三维动画的技术开发、作品创作、票房收入等方面占据垄

表3-3 1995—2018年各国参与及独立制作三维动画影片数量统计

国家	影片数量	国家	影片数量	国家	影片数量	国家	影片数量
美国	184	印度	10	阿根廷	3	匈牙利	1
日本	30	澳大利亚	9	南非	3	拉脱维亚	1
比利时	20	韩国	8	巴基斯坦	2	瑞典	1
法国	20	意大利	7	巴西	2	马来西亚	1
加拿大	17	卢森堡	6	荷兰	2	瑞士	1
丹麦	16	挪威	5	秘鲁	2	阿联酋	1
中国	15	爱尔兰	5	捷克	2	马尔代夫	1
德国	14	泰国	4	新西兰	2	菲律宾	1
西班牙	14	芬兰	4	印度尼西亚	1	冰岛	1
英国	13	墨西哥	4	新加坡	1	尼日利亚	1
俄罗斯	11	土耳其	4	黎巴嫩	1	沙特阿拉伯	1

断地位。其中迪士尼（皮克斯）、梦工厂为最大的三维动画创作机构；蓝天工作室、索尼动画、照明娱乐公司、太平洋数据影像公司等也有极强的创作、生产能力，形成激烈竞争的态势。（见表3-4）

表3-4 1995—2018年三维动画代表影片制作机构统计

机构名称	出品、制作数量	占比
迪士尼、皮克斯动画	32	34%
梦工厂动画公司	23	24%
蓝天工作室	9	9.5%
索尼动画	9	9.5%
照明娱乐公司	8	8.5%
其他公司制作	13	14.5%
总数	94	100%

4. 对1995年至2018年全球动画电影票房排名靠前或具有重要意义的三维动画电影进行整理。针对三维动画影片的类型及题材进行汇总分析，数据显示：获得市场认可的多数作品为非现实主义题材类型，未见现实主义题材。以喜剧、动作、冒险为典型影片类型，主要角色以动物、人物、怪物、拟人化机械或玩具为主。（见表3-5）

表3-5　1995—2018年三维动画代表影片的题材、类型、主要角色统计

题材	影片数量	类型	影片数量	主要角色	影片数量
非现实主义题材	94	动作、冒险喜剧	63	动物	37
		音乐、家庭、喜剧	21	人类	32
现实主义题材	0	超级英雄	6	怪物	15
		恐怖黑暗幻想	4	机器、玩具	10
总数	94				

其次，对于三维动画短片的相关数据进行搜集与整理。对1995年至2018年奥斯卡最佳短片奖提名及获奖短片进行整理，针对作品形式（见表3-6）与创作国家（见表3-7）进行汇总分析，数据显示：在动画短片创作领域，三维动画虽仍占据一定优势，但由于短片较少受到票房、资金、观众等客观因素的约束，相对比较好地保持了类型多元化和本土文化风格。

表3-6　1995—2018年奥斯卡最佳短片奖提名及获奖短片作品形式统计

作品形式	作品数量	占比
三维动画	47	40%
二维动画	43	37%
定格动画	17	15%
混合方式（技术结合）	6	5%

（续表）

作品形式	作品数量	占比
三维动画渲染二维动画	4	3%
总数	117	100%

表3-7　1995—2018年奥斯卡最佳短片奖提名及获奖短片出品国家统计

国家	作品数量	占比	作品形式
美国	48	41%	三维动画、二维动画、定格动画
英国	13	11.1%	定格动画、二维动画、三维动画
多国合作	12	10%	二维动画、三维动画、定格动画
加拿大	11	9.2%	二维动画、三维动画、定格动画
法国	8	7%	三维动画、定格动画
俄罗斯	5	4.2%	二维动画
日本	3	2.6%	二维动画、三维动画
德国	3	2.6%	定格动画
澳大利亚	3	2.6%	定格动画、三维动画
爱尔兰	3	2.6%	三维动画、二维动画
荷兰	3	2.6%	二维动画、三维动画
波兰	1	0.9%	三维动画
丹麦	1	0.9%	二维动画
西班牙	1	0.9%	三维动画
智利	1	0.9%	三维动画
匈牙利	1	0.9%	三维动画
总数	117	100%	三维动画

5. 对2004年至2019年，中国原创或参与制作的三维动画电影进行整理。针对创作数量进行汇总分析（见表3-8），数据显示：2004—2009年，中国三维动画处于起步阶段，仅6部作品上映。2010年以后，三维动画电影数量逐渐上升，在2014年、2015年达到产出高点，之后逐渐回落。

表3-8　2004—2019年中国原创或参与制作的三维动画电影作品数量

时间段	阶段合计	时间	作品数量
2004—2009	6	2004	1
		2005	2
		2006	1
		2007	2
2010—2019	60	2011	2
		2012	2
		2013	3
		2014	13
		2015	16
		2016	10
		2017	4
		2018	6
		2019	4
总数	66		

6. 对截至2019年上半年内地票房3000万元以上的国产动画电影进行整理。针对动画类型（见表3-9）进行汇总分析，数据显示：2010年后，三维动画在国内的发展较为迅速，已占据国产动画主流市场，但传统二维动画仍占据较高比重。

表3-9　内地票房3000万元以上国产动画电影类型统计

类型	数量	占比
二维动画电影	27	37%
三维动画电影	46	63%
总数	73	100%

7.针对上述动画电影出品机构进行统计（见表3-10），数据显示，国内已有较多机构有能力出品三维动画电影作品，多家机构联合出品情况较为常见。

表3-10　内地票房3000万元以上国产动画电影出品机构统计

机构	参与出品数量	机构	参与出品数量	机构	参与出品数量
深圳华强	6	奥飞影业	1	迷宫影视	1
淘米动画	6	博采传媒	1	谜谭动画	1
优漫卡通	6	彩条屋	1	摩天轮文化	1
环球数码	5	春秋时代	1	品格文化	1
其卡通	4	福斯国际	1	若森数字	1
卡酷卫视	3	高路动画	1	上海美影	1
上海炫动	3	合一影业	1	上影集团	1
央视动画	3	和力辰光	1	盛大	1
咏声动漫	3	华青传奇	1	十月文化	1
优扬传媒	3	华谊兄弟	1	天古数码	1
追光动画	3	坏猴子影视	1	天空之城	1
蓝弧动画	2	卡通先生	1	玄机科技	1
米粒影视	2	蓝巨星	1	娱跃影业	1

（续表）

机构	参与出品数量	机构	参与出品数量	机构	参与出品数量
万达影视	2	乐创影业	1	长影	1
原力动画	2	漫动时空	1	最世文化	1
阿里巴巴	1	梦幻工厂	1		

基于以上数据统计结果，并结合前文对于三维动画的发展历程、技术构成、美学流变的论述，可以总结出目前三维动画的发展具备以下阶段性特征。

1. 技术与美学特征。三维动画美学特征已经确立，以视觉真实感区别于传统动画。主流三维动画视觉样式已较为固定，以夸张变形的造型以及高度写实的材质光影为基本风格特征。三维技术的研发以写实化表现为阶段性任务，在模拟真实的技术层面已较为成熟。三维动画创作流程基本固化，呈现阶段明确、分工细致、多线并行的流程特征。

2. 经济及产业特征。三维动画在主流商业动画领域已替代传统动画的地位，形成了全球范围的推广，获得了商业的成功。三维动画技术的使用已全面普及至动画行业层面，成为行业标准。从作品数量和作品质量来看，美国是目前最具技术及产业优势的国家，已占据垄断地位。

3. 题材与内容特征。现阶段三维动画创作以非现实主义为典型题材。影片内容以动作、冒险、喜剧、科幻、奇幻类为主，鲜有现实主义题材的作品，呈现强烈的“去现实化”倾向。

4. 文化形态与传播特征。三维动画在全球范围的推广与普及，一方面，反映了三维动画艺术适应现代社会的文化语境和时代精神；另一方面，也反映出文化全球化背景下文化肯定性质的强化。发达国家的文化形态、审美情趣及价值观念，伴随技术与经济的全球化推广，对发展中国家的地方性文化产生了侵入和压制。

二、 三维动画艺术创作研究的关键问题

通过以上分析，我们可以发现三维动画现阶段的特性中隐含着众多的内

在问题，如题材内容的奇观化、文化意识的殖民化、美学形式的类型化、产业市场的垄断化、创作流程的工业化、技术工具性的彰显与艺术性的弱化等。这些问题从各个层面限制了三维动画艺术创作的进一步发展，但也正是这些问题的存在，说明三维动画尚有巨大的发展空间。

三维动画数据化的存在方式决定了其艺术形式所呈现出的跨领域、跨媒体的整合特征，表现为多种审美方式的整合、多种艺术类型要素的整合、多种文化形态的整合。三维动画应该在现有基础上发展到更高的阶段，应该实现从内容到形式的多元、从生产到传播的开放、从市场到审美的平衡、从技术到艺术的升华。

现阶段三维动画艺术研究的关键问题在于：应从维度构成的概念进行三维动画的发展与理论研究，多层面的客观认识与分析三维动画的复杂属性，进行具有前瞻性的发展预测，进而有针对性地纠正其发展过程中的偏颇。三维动画现阶段所具备的视觉真实感特征应进一步扩展，在追求提升写实表现力的同时，与传统艺术形式进行更为密切的融合，充分发挥数字技术的优势，创造出更为丰富多元的文化成果。

表现形式的物理维度：目前，我们所广泛使用的三维技术最终呈现的方式受限于显示方式和介质，依然以二维图像的方式进行显示，我们所能看到的画面依然是不同数量的像素所构成的二维画面，真实物象的长、宽、高三维体系（基于观测者角度可变），在屏幕上微妙地变化为高、宽、深（基于观测者角度固定）。现有的三维图形图像技术应用以立体空间方式为创作过程，最终还原为二维图像，可感知而非真实，依靠光影、透视、连续等物理原理呈现，依靠对比、协调、虚实等美学方式强化。维度转换是三维动画从感知到表现过程中不可忽略的重要特征，在我们满足于三维技术所带来的可视化的"真实"幻觉之后，单纯的强化视觉真实感对感官的刺激已逐渐导致审美疲劳，探索和实现更加多元的视觉感受成为三维动画艺术创作在下一发展阶段的重要趋势。

表现内容的文化维度：三维动画发端于美国，以美国皮克斯、迪士尼为代表的主流动画行业凭借技术优势以及成熟的商业模式取得了成功。美国数字技术的先发优势决定了动画产品质量的优异，成熟的商业模式又促进了创作流程的科学高效，多方面因素的良性循环成功确立了文化产品输出的优势地位，远远领先于包括欧洲国家和日本在内的其他科技发达的国家或地区，创造了巨大的经济价值，在思想内涵方面宣扬公平、正义、自由等普世价值，受到全世界范围内的认可与接受。全球数字娱乐行业发展以此为标杆，学习其先进技术与经验，在接受新技术的同时，遵从既定的创作生产流程，而成熟固化的创作生产流程又会对作品的内容和外在形式产生巨大的影响，甚至限制作品的风格与特色，这一现象亦可理解为经济一体化所引发的文化一体化的反映。三维动画技术表现优势应根据不同的文化特征及内容进行应用方式的创新和突破，制定、优化创作流程，以体现更广泛的文化维度的差异性，积极创造优秀文化成果，促进社会经济发展，创造社会价值。

从维度认知的角度对三维动画表现形式与表现内容的研究存在着进一步深入的空间。表现形式的物理维度可延展出对技术与美学在构成基础、内容、形式维度之间联系的探索；表现内容的文化维度可延展出对题材与内容在经济、产业、认知等维度之间关系的思考。与此相关的多学科理论共同作用于三维动画艺术创作，构成了研究的基础理论框架（见图3－52）。

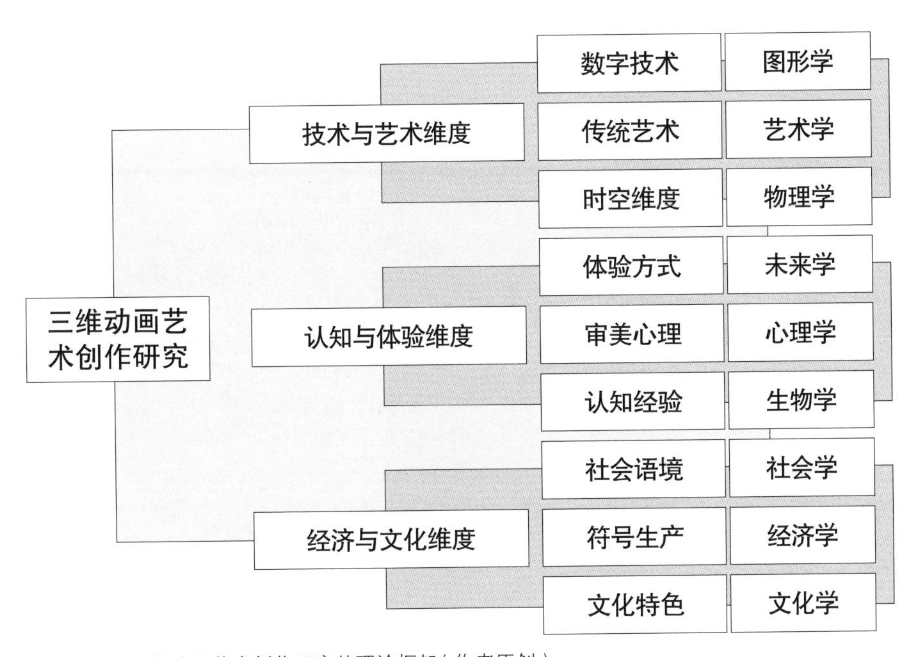

图3－52　三维动画艺术创作研究的理论框架（作者原创）

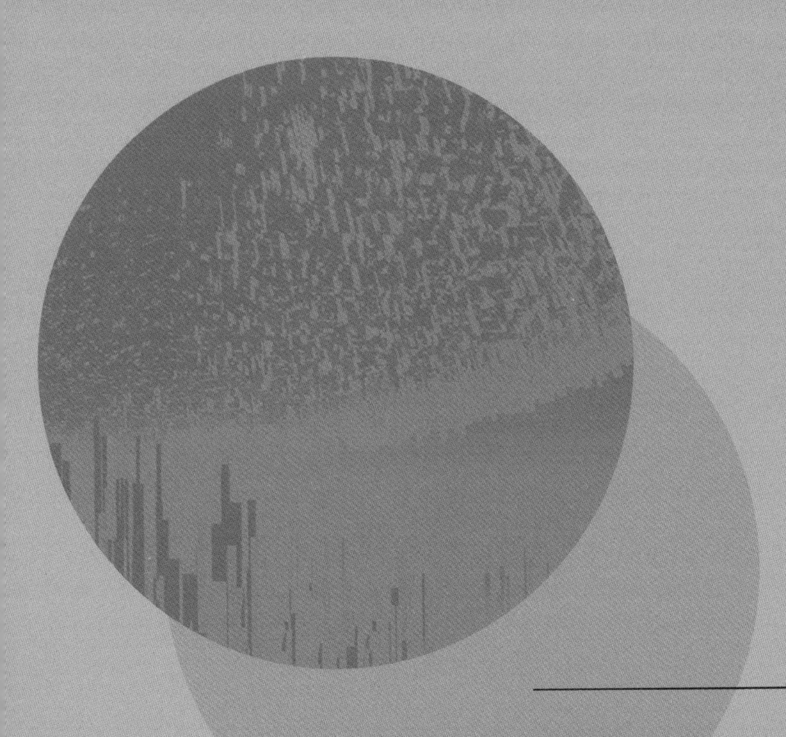

第 四 章

三维动画艺术创作的构成维度

尚在发展之中的三维动画学科自身属性较为繁杂且具不确定性，目前未形成系统的理论研究框架。可运用符号学理论对三维动画本体认识进行分析，使其研究趋于逻辑性和科学性。

符号学是研究符号或符号功能及过程的人文科学，其概念由瑞士语言学家索绪尔（F. Saussure）于20世纪初最先提出并确定了基本理论：符号由能指和所指，即符号本身及符号所代表的意义和内容所复合而成。[1]美国哲学家苏珊·朗格在著作《艺术问题》中提出“思维与行为的符号化是人类生活中最富于代表性的特征”[2]这一观点，指出符号学研究具备跨领域的特征，这一研究方法已在语言学、哲学、艺术学等多个领域得到深入的运用，成为社会人文科学研究的重要方法。

在人类文明的发展过程中，最早依靠图像符号进行交流与记录，随着社会的发展，更多的沟通需求促使图像符号逐渐简化演变成为文字符号，成为主要的表意和信息承载媒介，以满足人类复杂的表达需求。数字时代的到来使得图像的生成与传播更为便捷，图像符号以感性、直观的特征又重新成为信息传播的重要媒介、现代视觉文化的重要载体。法国哲学家鲍德里亚从文化发展的角度将符号与现实的关系分为四个阶段：符号反映现实阶段；符号

1 参见［瑞士］费尔迪南·德·索绪尔《普通语言学教程》，高明凯译，商务印书馆1980年版，第101页。
2［美］苏珊·朗格：《艺术问题》，滕守尧、朱疆源译，中国社会科学出版社1983年版，第134页。

掩盖现实阶段；符号弥补现实的缺失阶段；符号脱离现实阶段。现代计算机图形技术促进了图像符号创造方式的自由与开放，具备了模拟现实并且超越现实的可能。在后现代社会，符号与现实的关系发展到第四个阶段，呈现出符号的虚拟和现实交融的特征，三维动画的诞生、发展与兴盛就是这一特征最为直接的反映。

如前文所述，三维动画影像的艺术形式模糊了拟真与概括的边界，实现了对现实内容的突破，其发展以计算机图形学为基础；其应用以电影艺术和传统动画为起点；以刺激文化消费和促进经济发展为目的。从三维动画的定义与特征可以看出：三维动画通过技术手段创造出具备视觉真实感的假定性符号，完成叙事并表达情感。从符号学的角度对三维动画进行分析：构成三维动画的所有要素均可被视为三维动画的符号，可以从能指和所指对三维动画符号进行归类。

三维动画符号的本质特征是动画假定性与视觉真实感，这两者的理论根源与艺术符号学和电影符号学中的相关概念较为相似但又存在本质上的区别。艺术符号学以符号论的方法对艺术创作的美学思想进行系统分析；电影符号学以符号的生产意义为出发点对人类文化实践活动进行广义的探究。三维动画的图像符号在技术和美学相互作用下生成，其美学特征构建于技术基层之上；其指示符号所表达的情感与理念受到了社会文化语境及观念变化的左右，文化形态又与现代社会经济发展息息相关；其象征符号反映出不同地区、民族以及时代的文化背景，技术与文化的动态发展又对受众的感官体验和心理认知产生着持续的影响和转变。艺术符号、文化符号、产业符号等不同的符号类型构成了三维动画的综合视觉语言符号系统，呈现出丰富的特征及内涵。三维动画的跨学科性质决定了它的本体理论研究必须在符号学理论框架的基础上进行细分，可进一步从技术、美学、认知、体验、经济、文化等不同维度进行解读。

第一节　技术与艺术维度

三维动画所具备的技术与艺术双重属性是相辅相成的，无法简单地予以分离。“艺术既是美学研究的对象，又是美学构成的基础……艺术是人类按照美的规律进行创造的结果。”[1]对于美的创造行为本身就包含着技术的运用，在人类艺术发展的过程中，艺术与科技的发展呈现出交叉与重合的轨迹。工具和材料的变化往往会推动艺术的发展，如农业社会画布、纸张、颜料、笔等工具和烧制等技术的发展促进了绘画、雕塑、工艺等艺术形式的发展，实现了手工记录自身感知。工业社会的技术积累促进了摄影术与电影艺术的发展，实现了视觉影像的记录和视听感官的结合。视频技术和无线电技术催生了电视的出现，完成了艺术创作对于时空限制的突破。技术的更新与突破必然会影响艺术的发展与重构。对于三维动画本体而言，技术与艺术是相伴相生的。

一、传统动画基础上的技术突破

动画艺术在百余年的发展中已经形成了稳定的审美形态。“假定性”作为动画艺术最本质的特征，在动画艺术的题材内容及艺术形式等层面的考量已达成学界的共识。中国老一辈动画创作者针对该问题有以下论述：“动画艺术本身具有浓厚的假定性，虚中求实，假中求真，从不真实中求得本质的真实，是符合美学原则的，也是我们动画艺术刻意追求的创作手法。”[2]“动画片是一个假定性程度极高的文艺品种。它的假定性具有‘综合’的特征。其故事情节是虚构的；主题往往是通过虚拟的内容展现出来的；人物是用美术手段塑造的；动作也是非真人化的，经过提炼和夸张了的……”[3]

---

1 贾秀清、栗文清、姜娟等编著：《重构美学：数字媒体艺术本性》，中国广播电视出版社2006年版，第53页。

2 唐澄：《从几幅连环画到动画片——〈象不象〉的创作构思》，载文化部电影局《电影通讯》编辑室、中国电影出版社本国电影编辑室合编《美术电影创作研究》，中国电影出版社1984年版，第151页。

3 何玉门：《谈〈善良的夏吾东〉的艺术处理》，载文化部电影局《电影通讯》编辑室、中国电影出版社本国电影编辑室合编《美术电影创作研究》，中国电影出版社1984年版，第144页。

动画的假定性具体表现在:(1)虚构——故事情节和人物角色的虚构,赋予非生命事物虚拟的生命;(2)绘画——以非记录的形式完成视觉内容的创造;(3)夸张拟人——以变形或异化的艺术手法实现表现对象某一属性的加强,如造型的夸张、运动的夸张、速度的夸张。国际动画组织联合会(ASIFA)于1980年在南斯拉夫的萨格勒布会议中对动画作出以下定义:“动画艺术是指除使用真实的人或事物造成动作的方法之外,使用各种技术所创作出的活动影像,亦即是以人工的方式所创造出的动态影像。”[1]

三维动画虽然与传统动画存在着明显的技术和美学差异,但是在内容与形式上依然与传统动画艺术的本质特征高度吻合,因此仍属于动画艺术的研究范畴,受到动画艺术假定性特征的规范与约束。具体表现在:在动态画面和影像的生成方式上,依然依靠人为操作计算机工具生成;在题材的选择和确立上,依然进行有针对性的权衡,选择适合与艺术形式特征相适合的题材;在情节设置与形象表现上,依然大量使用拟人与夸张手法赋予非生命对象以生命形态与性格。

随着技术的进步,人们在三维虚拟世界中的创造获得了空前的自由。输入技术的成本降低意味着真实世界中的一切均可在虚拟世界中得到再现与复制。人们追求美好生活的本能激励着创作者将三维技术作为艺术创作的工具和手段。三维动画借助技术创作出符合观众的日常生活经验的影像:运用三维造型技术提供与实际生活中接近的场景道具和立体空间构造;运用三维着色技术创造与真人质感相近的逼真形象;运用三维运动技术模拟真实的人体结构关系,并生成表情与动作;运用三维渲染技术创造丰富的光影效果。

诞生于传统动画基础上的三维动画,在发展中创造出了自身的美学特性,即视觉真实感。通过数字技术对于真实世界物象的强大复制能力,实现了动画艺术在新的社会文化背景下的跨界探索。三维动画的“视觉真实感”是其与传统动画艺术“绘画性”与电影艺术“记录性”最本质的区别,是高度可控的再现真实。就三维动画画面生成的层面而言,三维动画在虚拟空间中构造体积的方式,区别于传统二维动画手工绘制的方式,也区别于传统定格

---

1 金辅堂编著:《动画艺术概论》,中国人民大学出版社2006年版,第11页。

动画基于材料制作的方式；与电影通过实际拍摄的方式也有着本质的区别。就运动表现的层面而言，三维动画在继承了传统动画运动规律原理的基础上，在动态细节等方面更为细腻真实，并结合了如物理学、生物学、流体力学等多学科的知识，能够更加准确地还原运动效果；从内在规律的层面进行运动的研究与表现，也区别于电影记录动态片段的方式。

二、数字技术语境下的美学建构

技术的发展促使美学形式的变革。纵观从绘画至摄影、电影、电视、计算机艺术的发展，艺术的重大变革总是紧随在技术变革之后，技术的发展为艺术提供了更多的可能性。艺术发展的这一技术特性引发了技术美学的出现，导致了美学在技术基层上的流变和重构。从技术的角度来看，艺术的创作过程就是艺术家运用技术创造的过程，这一点在三维动画的发展过程中尤为突出。三维动画建构在计算机技术的基层之上，每一部成功作品的背后，都有计算机技术的发展支持。同样，每一部成功作品中的技术进步，也是艺术创作对于技术不断提出要求、进行推动的结果。在虚拟技术特性的影响下，三维动画在技术应用的过程中逐渐确立了自身的美学特征，并对动画艺术的创作规律和原则产生了影响。同时，“任何技术都蕴含着一定的价值负载，这种价值负载体现为技术本身依其自身内设的特性诱引、推崇和消解着某种价值选择”[1]。

（一）技术特性对于动态视觉艺术类型界限的消解

三维动画技术虚拟化特征，奠定了它在视觉表现方面强大模拟能力的基础，从画面与动态两个层面实现了对于传统动画的创新，具备了近似于实拍电影的视觉真实感。从技术实现能力的角度出发，三维动画具备视觉真实感，可以实现任何审美效果，对于传统动画“假定性”特征产生了一定程度的冲击，弱化了动画艺术范畴内各片种之间的差异，呈现趋同的倾向。三维动画影像突破传统动画表现的界限，具备高度写实创造能力的特征，使得写实风格动态影像的创作不再依赖实际拍摄，在电影艺术和动画艺术之间开辟出新的领域，模糊了两者的界限。

1 孙振涛：《3D动画电影研究：本体理论与文化》，博士学位论文，华东师范大学，2011年。

（二）技术的全面介入导致创作者主体地位的转化

技术的介入使得主体在创作活动中的作用由创作性转化为操作性。工具的复杂化与虚拟化造成传统艺术领域的创作者面临在新技术平台背景下的“失语化”现象。计算机工具的复杂学习过程迫使很多艺术家望而却步，无法主动地参与三维动画艺术的创作。

在工具层面上，历史上的技术革命所促进的工具进步都是人类躯体功能的强化和延展，如机械技术的进步是对人类四肢功能的强化，电信技术的进步是对人类视听功能的强化。而计算机与以往的技术工具相比，更为复杂和多变，可以视为人类大脑功能的补充和拓展。计算机在创作中的作用并非简单的物理工具介入，而是作为创作者思维的延续和再解读。创作意图通过运行于硬件平台的软件程序实现，使得创作者的创造过程更加间接化与操作化。作为现代数字艺术重要分支之一的三维动画也是如此，艺术创作在技术的语境下进行，表现为艺术形态的技术化存在以及艺术活动的技术化流程。

在创作主体的层面上，艺术创作的主体不再是个体形式的艺术家，而呈现出复合性的发展特征，包括双重含义：第一，创作主体素质与能力的复合性，表现为三维动画创作过程中复杂的实施环节涵盖了多领域的知识构成，要求创作者具备文学、美术、技术等多方面的知识，因而难以像传统艺术家那样进行独立的创作。第二，艺术创作多为团队通过协作分工完成，创作团队组成人员在知识、素养、技能等方面需要匹配。作为跨学科、跨领域、跨媒介的三维动画，最佳的创作者应该是艺术家与工程师的综合体。然而，难以通过有效的方式在单一创作主体身上实现理性思维和感性思维、逻辑思维和形象思维的综合培养。

（三）视觉奇观化对叙事性的挤压

动画艺术的假定性具有一定的“奇观化”特征，与建立在“真实性”基础上的电影相比，动画“逐帧绘制”的生成方式具备创造奇观的技术基础。但由于传统动画从题材层面和表达层面依然以叙事为主要目的，因此，在奇观与叙事的结合关系上，奇观服务于叙事功能。在三维动画中，奇观化功能上升至主导地位，体现为叙事的简单化，及其服务于奇观化的视觉表现，削弱了以人类的终极关怀为中心的思想深度。“计算机生成图像出现后，电影就一直遭这种罪：他们从表现诱人入迷的叙事形式转而表现具有强烈视觉冲击力的壮观场景。”[1]这一现象的成因在于：首先，奇观电影早在三维动画出现之前即已存在，形成了一定的观众群体和观影期待心理，三维动画所创造出的奇观化的影像能够满足观众的这一期待，满足该观影群体对视觉刺激的需求。进而三维动画又培植了观众的观影习惯，固化了观众对于视听刺激和感性的依赖，迎合了现代社会流行文化发展的需求。其次，三维动画擅长表现非现实的虚幻内容，易于实现视觉器官的审美倾向。强调视觉奇观化会对创作的题材选择产生影响，倾向于有利于展现奇观视觉的内容，从而限定了三维动画在表现内容和表现类型上的选择趋向。

（四）技术通用化引发动画审美的同质化

传统动画艺术的面貌具有多样性特征。由于物质材料与技术的差异，有着丰富的类型构成，如剪纸动画、偶动画、二维动画、沙动画等，呈现出不同的艺术风格与意向。由于地域及文化背景的差异，也呈现出不同民族个性的视觉样式。人工创作方式也会产生迥异的个人化风格特征。

三维动画技术的出现与广泛引用，消解了不同动画艺术类型的媒介、材料及工具的物理差异，使得动画的审美由传统动画的多样性审美趋向三维动画的同质化审美：1. 三维动画数字媒介的同质化消除了原有动画艺术类型的材料差异。2. 三维动画创作技术的共享与通用化消除了不同创作技法之间的差异。同一时期的技术发展高度决定了主流三维软件的功能架构的相似性，从创作工具的层面消泯了不同艺术类型的技法；从创作流程上减弱了艺术家个体对于创作过程的完整控制力。3. 以精确的工程化思维替代了艺术个性。三维动画的实现过程更加倾向理性，将艺术的感性思维转化为技术的理性思维，通过工程化的流程衔接实现。三维动画在全球主流地位的确立，促使各国动画产业趋之若鹜，遵从其技术规范与视觉特征，从经济和价值导向的层面削弱了地域文化的差异及特征性。三维动画创作流程中不同技术环节要求创作者具备多领域学科知识，提高了个体创作者进行独立创作的技术门槛，削减了艺术创作个性化的成分。

（五）技术任意性与艺术自由的冲突

三维动画技术的虚拟性特征从原理层面确定了其艺术形态的自由，包括

---

1 ［新西兰］肖恩·库比特：《数字美学》，赵文书等译，商务印书馆 2007 年版，第 68 页。

内容题材的自由、艺术风格的自由、创作环境的自由。但在实际应用中并未得到有效的证实，存在以下问题：1.实用工具的功能自由所带来的工具愉悦导致使用的任意性，基于工具崇拜所进行的创作失去了艺术精神的自由。素材的载体虚拟性与可复制性导致创作内容对技术功能便利性的依赖。2.使用目的任意性所带来的感官愉悦，所导致的是视觉拟真对现实的遮蔽，而非审美的自由。技术作为创造工具，只有上升到了艺术的理性自由，凭借人文内涵上升为语言，方能独立于其他艺术类型。

三、创作流程中的时空维度架构

（一）创作中的空间维度

创作中的空间维度在前期设计与制作环节中表现为由平面二维向立体三维的转化、造型空间构造与二维纹理的相互作用。前者体现在前期概念设计是将想法与创意通过绘制的手段进行可视化呈现，涵盖场景、角色、道具等内容，目的在于详尽地传达设计意图并作为后续制程的参考依据。要求尽可能在短时间内完成文字语言向图形化语言的转化，并提供多套方案进行比对及遴选，因此多采用手绘或数字绘画的方法，并结合实际拍摄的素材及说明资料进行详尽描述与佐证。在前期工作进入三维造型制作的阶段后，上述二维参考资料则必须通过虚拟空间中的三维建模工作转换为立体形体，设计图中的造型特征与造型细节通过三维建模的二次创作实现三维化的创建。由于构成方式的本质区别，维度差异所导致的形体及结构偏差不可避免，需要反复地调整和分析，前期概念设计与前期模型制作共同构成完整的前期设计结果，这一点与传统二维动画前期设定工作有较大的区别。后者则表现为三维模型的作用在于确立形体、轮廓等造型特征，表现对象的材料特征由着色环节进行定义。着色包括了材料的物理属性，如透明、光滑、反射、折射、纹理、凹凸等性质。纹理特征会通过程序纹理和像素纹理实现，通过拍摄、扫描、合成处理、数字绘制产生的二维图像通过映射包裹的方式作用于模型表面，结合不同的物理属性以呈现材料特征。

创作中的空间维度在后期合成环节中表现为空间层体的互转。三维场景空间创建方式提供操作与视角的自由，二维画面的输出结果也决定了可以在后期制作中运用绘画技法进行画面效果的完善与修正，亦可将空间中物体距离信息概括转化为Z通道图像输出，用于后续环节对于空间感的增效调节。三维生成的画面层次由于场景构成的空间关系是既定存在的，因而可以进行分层渲染输出，将三维场景中的单独元素或部分元素按照某种原则进行独立的输出，在后期合成中进行调整与处理。这种工作方式非常类似于传统二维动画将背景与人物分别绘制在透明的赛璐珞片上再进行叠加拍摄的手法。两者不同的是二维动画的分层手法起到的作用是分解画面的绘制难度并提高制作效率，同时可以进行简单的运动透视效果模拟。三维动画分层渲染技术则是强大的后期增效工具，不仅可以按照深度原则，进行前景、中景、后景的分别输出，进行分层色彩调节和虚实调整；也可以按照光环境的构成原则，进行受光面、擦光面、暗面、反光、阴影、环境光遮蔽元素的单独输出，进行更为细腻的画面光影调整；还可以按照材质属性原则进行固有色、高光色、反射、折射元素的分层输出，获取微妙的操控空间。将部分效果调节的工作转换至后期环节处理，可以有效地提高制作效率及降低渲染成本。

空间层体操作的技术实质就是实现三维空间造型构建技术与二维图像处理技术的互相转化，最大化这两种技术在效果和效率方面的优势。后期剪辑环节借助计算机剪辑系统进行数字化镜头素材的剪辑与组接，并进行单个镜头速度的精细调节。

（二）创作中的时间维度

创作中的时间维度在前期镜头设计环节中表现为三维动态故事板从画面构成到动态草拟的预览。在三维制作系统中快速搭建出镜头设计草图，与分镜设计进行对照和修正，更为直观地模拟出镜头构图、画面分割、机位运动以及角色表演的大致效果，结合先期配音配乐，从空间维度、时间维度、视听维度等方面进行研究，把握整体、推敲细节，为后续制作提供更为准确的指导。在中期动画制作环节中表现为空间造型在不同时间点的变化。静态的空间造型实现运动的过程意味着在空间维度基础上时间维度的介入。时间点之间对象的状态变化过程构成了三维动画运动的实质。三维角色动作制作通过骨骼系统带动模型表面顶点在虚拟空间中构建姿态，与传统二维动画依靠造型变化产生运动的原理相近，但需要更多地考虑真实内部构造所引发的结构形变。表情动画依靠顶点变形实现，面部五官位置变化的同时需维持合理的肌肉形变规律，同步产生在深度轴向上的位移。三维动画的制作，其根本特征是对真实世界运动现象的复制与模拟，在写实的基础上进行艺术的夸张，产生风格化的动作表演，在实现过程中存在着先后顺序的差异。是客观规律与艺术提炼的结合。传统二维动画的运动是通过绘画的手法实现形象的变形，形象的塑造与动作的夸张同步完成，是假定性与客观规律结合的产物。

在三维动画的创作流程中，时间维度、空间维度在具体的环节内部存在着更加细微的变化与作用，涉及各类具体的操作技巧与经验判断，在后续章节中会继续进行详细的论述。

第二节 认知与体验维度

一、视觉真实感与认知经验

现代媒介艺术开拓了人类以媒介方式存在的全新空间，这一空间既是精神的，又是物质的，解决了影像的创造方式、传播方式、交流方式等技术问题，对于传统艺术产生了巨大的影响，引发了美学观念和框架的重构。黑格尔曾通过对各类艺术生产中物质成分与精神成分比重的分析预言过艺术发展的未来，指出“艺术是沿着物质的比重从重到轻、观念的比重从轻到重的轨迹发展”[1]，这一论述在建筑、雕塑、美术等传统艺术类型中得到了验证，但是现代数字艺术所呈现的特征却与该论断产生了反方向的发展。计算机技术的基础构成即包括物质化的硬件设备与非物质化的软件程序，由输入、计算、输出三个重要的环节构成。通过硬件设备与软件程序的共同协作，以人机交互的方式获取指令，将物理操作信息转化为数字信息，协助计算与思考并呈现结果。数字艺术创作虽然在创作材料上摆脱了对物质的依赖，但是在创作工具和创作过程层面却绝对地依赖物质化技术工具。三维动画所创造出的各类影像，无论是再现或虚构，其内部都存在着现实的根源或是对现实的反射；三维动画技术与艺术对客观世界所产生的诸多影响，是客观存在的。

计算机技术虚拟出的空间源自真实世界的元素和构成，模拟真实世界的表现内容和表现形式。斯蒂芬·普林斯在其文章《真实的谎言：感觉上的真实性、数字成像与电影理论》中对于虚拟影像所产生的真实感进行了阐述：“给人真实感的影像就是在结构上与观众对于三维空间的视听经验相符合的影像，之所以能与上述观众的视听经验符合，则是由于电影制作者赋予了这些影像以应有的特征。……而且是按照与观众本身日常生活中对这些现象的理解相一致的方式来组成上述各种因素的。所以说，给人以真实感的影像，也可以包容那些与其参照物相同的真实影像。因此可以说，虚构影像就其有

1［德］黑格尔：《美学》第 1 卷，朱光潜译，商务印书馆 1979 年版，第 112 页。

关参照物来说，它们都是虚构的，但就人的感觉来说是真实的。”[1]三维动画作品依靠数字技术的虚构实现视觉真实感。

此处提及的视觉真实感，区别于真正意义上的真实概念，是一种心理描述，影响受众的心理感受，表现为视觉形式的真实可信。其中有相当部分并非虚拟现实，而是虚拟非现实或超现实的内容，是使用有现实依据的视觉元素构造想象现实的整体世界，依靠虚拟影像实现观众感受的心理真实，反映社会历史与人性情感，可理解为感知维度与文化维度的心理复制。

艺术创作是对现实再创造的过程，对现实的突破与背离是所有艺术的共性。一方面遵循视觉和美学规律的指导作用，以经验和判断影响观众的视觉，消除不可控因素所引发的错误或视觉不适；另一方面通过主观感受与情感的介入提升作品的感染力。由技术实现的视觉真实感在客观真实的基础上实现了视觉要素强化，在整体上符合观众的认知经验，并在一定程度上强化认知经验，在局部表现上突破认知经验，符合艺术规律，源自现实而又高于现实。

康德认为人的经验是一种整体的现象，不能简单地分析为各种组成元素的叠加。格式塔心理学强调审美心理结构的整体性，动画作品中的各个局部要素均构成不同层级的格式塔，并组成作品的整体格式塔结构。因此，创作者要从整体的角度对于作品各个元素进行设计与把握，构成结构性整体，反映思想和情感。片面地强调视觉真实感在三维动画的发展过程中不乏失败的先例。自皮克斯1998年推出的动画短片《锡铁小兵》中的婴儿形象（见图4-1）引起了观众对于数字虚拟人物的负面关注后，三维动画中的“恐怖谷”现象便一直影响着受众对于数字技术创造出的“逼真”表象的解读。

“恐怖谷”一词最初由德国心理学家恩斯特·耶特斯（Ernst Jentsch）在1906年的论文《恐怖谷心理学》中提出，指人们无法做出抉择时的不确定性形成了恐怖的源头，比如在难以判断物体是否具有生命时人会产生恐惧感。日本机器人专家森政弘在1970年提出的“恐怖谷理论”是关于人类对机器人和非人类物体感觉的假设：“随着类人物体的拟人程度增加，人类对它的正面

1 ［美］S. 普林斯：《真实的谎言：感觉上的真实性、数字成像与电影理论》，王卓如译，《世界电影》1997年第1期。

图4-1 《锡铁小兵》中的婴儿形象

情感反应逐渐增加，但当仿真人与人的相似度到达一定程度时，这种正面情感会突然为恐惧和惊悚所取代；随着机器人的逼真度继续上升，与普通人难以区分时，人类对他们的情感反应亦会回归正面。恐怖谷其实就是人类对机器人的心理排斥反应，随着机器人到达‘接近人类’程度时候，人类好感度突然下降至反感，然后再回升至好感水平的范围。”[1]（见图4-2）

部分三维动画作品一味地追求由技术所带来的视觉奇观，弱化了艺术应有的叙事和对人物的塑造，既相悖于观众的认知经验，又不符合艺术创作的规律。如《最终幻想：灵魂深处》《极地特快》《贝奥武夫》《圣诞颂歌》等影片中拟真人物引起了观众的不安和反感。在动画的创作中对于“假定性”与“视觉真实感”的结合应该引起创作者的关注与思考。三维动画对于现实的模拟应保留部分抽象元素，为观众留下想象的空间，容纳审美与情感。

二、视觉成像原理与审美心理

人类视觉成像原理决定了二维显示技术在现阶段的存在状态：真实物体反射的光线通过晶状体折射，成像于视网膜上并由视觉神经传给大脑。视网

1 范秀云：《恐怖谷理论与动画电影中的逼真人物形象》，《当代电影》2014年第6期。

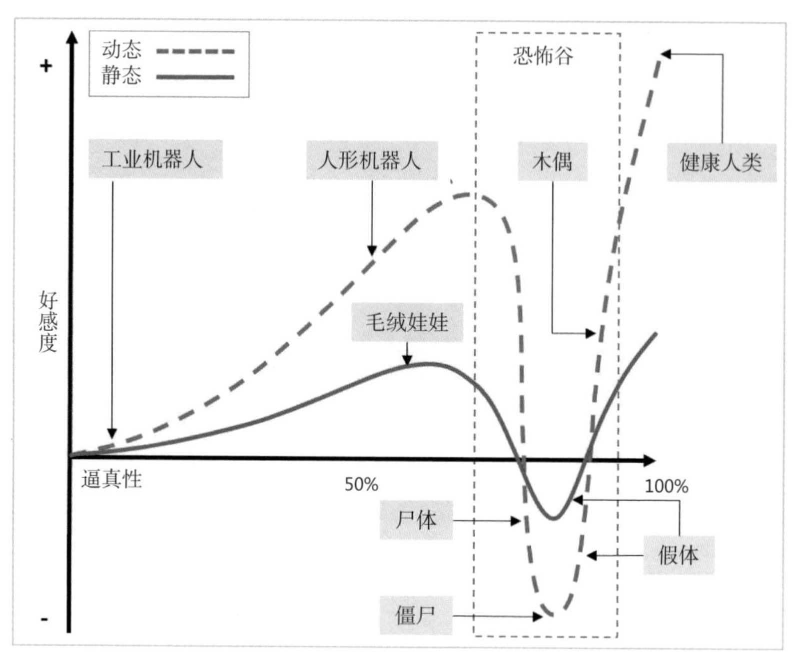

图4-2　恐怖谷理论图示

膜只能接受二维空间的刺激，因此，单只眼睛仅能够进行二维图像的视觉感知。视觉图像信息经过人脑的融合反应呈现出三维图像。人类对深度的感知可分为心理与生理两个层面。

（一）心理感知层面的深度暗示

心理感知层面的深度暗示是指根据生活经验假定获取的二维图像深度。包括：1. 线性透视：观察习惯对景物延伸至远方时呈现近大远小变化的判定；2. 成像尺寸：根据固有的物体尺度认知经验判断远近与深度；3. 重叠关系：物体间的相互遮挡会产生前后位置关系的心理暗示；4. 光影变化：基于光照与阴影所产生的视觉感知对纵深感的判断；5. 结构透视：梯度结构（如地板纹理等）在线性透视的作用下呈现线条疏密变化的深度暗示；6. 面积透视：远处景物反射光线经由空气的散射所导致的视觉模糊化，即近实远虚。

（二）生理认知层面的深度暗示

生理认知层面的深度暗示包括：1. 调节：人体通过调节眼睛晶状体实现对于不同距离景物的聚焦。2. 汇聚：双眼注视观测物体时，双眼视轴线所形成的汇聚角跟随观看物体距离的变化而变化，导致眼部肌肉及眼球的拉伸与转动程度不同。感觉器官对这一修正过程的强度和程度进行比对，产生对深度变化的立体感知。3.双眼视差：人的双眼瞳孔间距平均值约6.5厘米，在观察同一物体时，双眼看到实际画面存在的位置差异经过大脑的处理所产生的深度暗示。4.移动视差：由观察位置改变所引起的物体观察结果的变化。

基于以上视觉成像原理，不难发现，人类对于深度方向的辨别能力明显低于对于宽度和高度判断的精确性，对于深度信息的获取是基于视差与认知经验的。近年来流行的3D电影类型，就是通过使用双摄像机模拟左右眼视差进行同步拍摄，在放映时通过技术手段实现观众左右眼睛获取对应通道的图像，并实现叠加，以获取立体感和纵深感。其本质是基于光栅显示技术的二维图像双路显示。VR虚拟现实头盔所使用的也是此类技术。目前，绝大多数立体显示技术都依然依赖于二维显示技术，无法达到全角度显示的要求。

三维图像运用多维的创作手法最终产生的影像和图形依然是由像素构成的，仍然以二维画面的形式呈现。将虚拟立体空间的构造压缩于画面之中完成视觉信息的传达，与绘画相似，但获得最终结果的过程却存在本质的区别：在绘画的过程中，客观与主观始终交织，不断相互验证，其目的就是将真实世界的三维空间压缩成二维画面，客观物象、创作者主观、作品遵循从三维到二维的创作过程维度压缩。三维动画艺术创作的造型过程则是观察客观并创建客观，客观物象、创作者主观、作品则遵循从三维到二维的创作结果维度压缩，并通过不同时间点上的连续变化（帧运动）形成动态表现，对象外形的运动形态为创作过程带来了不确定性与随机性，结合上述物理空间的三维度而形成四维的动画艺术。从二维到四维的维度变化贯穿创作过程的始终。

视知觉即视觉思维，是具有思维性质的创造性活动，能够凭借事物的局部特征完成对事物完整性的把握。格式塔心理学派的代表人物阿恩海姆认为“一切审美心理机制都源自视知觉形式动力，并且揭示了视知觉形式动力的生成过程”[1]，人们通过对“力”的样式的把握感知“美”。视知觉的认知活动

1 宁海林、王泽霞：《审美心理机制：基于阿恩海姆视知觉形式动力理论的解读与思考》，《西北大学学报（哲学社会科学版）》2016年第3期。

通过创造形式结构（即格式塔）构成视觉意向，与事物的本质构造同型而又具备具体和抽象的丰富变化。视觉样式产生张力，通过造型、色彩、运动等外在表象对受众的审美意识产生作用，刺激并引导观众对于作品的认知和理解，将作品的形式与内容联系起来，成为有机的整体。

观众对真实世界的认知经验构成了视知觉的基础，决定了审美心理。在欣赏作品之前，即存在预先认知心理结构，与人的年龄、文化、经历等因素密切相关。客观世界的物理结构与人类意识结构在结构形式上是相似的。观众在欣赏作品时的审美享受源自创作活动与知觉活动在审美心理结构上的统一，即异质同构。具备视觉真实感的三维影像，用更加直接与形象化的语言传达作品的观念，用更为接近真实经验的图像实现创作者概念的传递。格式塔在经过艺术加工后其本质属性并未发生改变，依然具备可辨认的原始本质，艺术化的处理手法在凸显个性的同时又与观众的认知经验产生联系，通过间离感与亲切感的杂糅实现创作者和观众的心理共鸣。

三、体验方式的维度限制与扩展

三维动画的体验方式包括创作者在动画制作过程中的操作体验和观众在欣赏影片时的观看体验。这两者从某种角度上可以被认为是三维动画创作过程的起点与创作结果的终点。在三维动画技术飞速发展的今天，与操作和观片体验相关的技术却进步缓慢，远远达不到应有的高度，在此并不否认这两类技术本身已经取得的进步与成就的事实，但就操作体验和根本技术理念层面，并未发生突破性的进展与革新。与观片体验相关的是目前主流的显示技术，与操作体验相关的是计算机硬件输入设备和进行观察使用的图像显示设备。显示技术的维度特性决定了输入方式的技术发展方向。

（一）操作体验的维度限制

在三维动画创作领域，最常用的输入设备是鼠标和数位板（graphics tablet）。1968年，出现了世界上的第一个鼠标，这一发明被广泛认为是计算机发展史上最重大的事件之一。至今，鼠标的发展已经历了机械滚球、光学机械、光电、光学成像四代技术，从最初的有线鼠标发展为无线鼠标。而50年来鼠标操作的工作原理和方式没有发生过任何变化，一如它的发明者在1967年申请专利时所使用的名称“X-Y定位器”，始终受制于屏幕的平面坐标体系。1993年，全球第一个面向消费者的3D鼠标SpaceMouse被推出市场。最初，这项技术被应用于航天科技领域，操控哥伦比亚号航天飞机上的机械手。之后进入机械工程领域及三维数字领域。通过操控3D鼠标的控制帽，用户可以进行视图操作，实现模型的平移、缩放和旋转，但是必须配合传统鼠标进行辅助功能的强化，主要操作依然要使用传统鼠标编辑模型或选择菜单，虽然可以提高三维设计工作的效率及舒适度，但并非必备设备。

1998年，专业型数位板正式发布，由具备压力感应功能的笔型定位器和电磁天线板构成。采用电磁感应的工作原理，结合专业绘画类软件，使用于数字绘画、设计、三维动画等领域。可以较好地还原实际绘画的部分手感与工作方式。随后又出现了可以在屏幕上进行绘画的数位屏，有效避免了操作过程中手眼分离的不适感，更为贴近真实绘画的直观操作感受。数位板实际上是传统鼠标功能的强化和外观的改变，数位屏是定位及压感技术与显示技术的结合。

（二）体验方式的维度扩展

显示设备是视频信息和数据信息的终端显示器件，包括了电脑显示器、手机屏幕、投影等种类。显示技术是信息技术领域的支柱之一，经历了由黑白到彩色，由低清晰度到高清晰度的过程。显示器类包括CRT、LCD、PDP、LED、OLED等技术类别；投影类包括LCOS、DLP、投影显示光阀、激光投影等技术类别。主流的显示技术至今只能显示二维的图像及文字，二维显示技术剥夺了物体的三维特性，人们只能通过认知经验从屏幕上获取图像的立体感，因此该技术尚无法满足公众对于丰富视觉信息的需求。

近年来立体显示技术和产业化方法的提出与进展，将会对显示技术的发展产生颠覆性影响，成为前沿科技所关注的领域。目前已知的立体显示技术可以分为两大类别。

1. 已推广应用的基于视差模拟的三维显示技术，包括眼镜式3D显示技术、头盔式显示器，目前已获得较为广泛的市场应用。通过模拟生理学深度暗示中的双目视差，使观看者获得三维深度感，需要佩戴特殊的眼镜（如红蓝眼镜、偏振眼镜或电子式快门眼镜等）才能获取双眼的分离视觉图像。由于双眼所获取的图像通道分离，单眼对应的二维视差图像只有一组，所携带的三维深度感知信息不够完整，因此深度效果的视觉误差较大。此外，人眼聚焦在屏幕位置，与虚拟生成的三维视觉图像之间存在辐辏和调焦差异，长时间观看会导致不适。[1]

2.尚处研发过程中的立体显示技术，即裸眼3D显示技术。此类技术可显示更为真实的图像，且无须额外佩戴其他设备，更符合观看者的日常习惯。目前有以下几种不同的技术研发方向。

体三维显示技术：利用可见光激发空间体积内的透明介质，形成体素构成三维立体图像的显示技术。可通过多层平面显示器的叠合或二维平面图像空间扫描产生体像素分布。

光场三维显示技术：该技术可以再现三维物体的发光光场分布，从而再现出三维景象。由于包含了物体发光的光线方向，故具有空间遮挡效应，较好地克服了传统三维显示的缺点。既可通过屏幕的360度扫描及高速投影机实现，也可以使用投影阵列进行三维光场的空间拼接实现。

全息三维显示技术：可分为有媒介全息影像技术和无媒介全息影像技术。有媒介全息影像技术图像投射需要通过如成像膜、玻璃、水雾等介质实现；无媒介全息影像技术是在空间无载体中显示的技术。无媒介全息影像技术的技术原理是光栅干涉条纹在空间中获得立体影像。这种技术实现的全息三维图像立体感强，具有真实的视觉效应。全息图的每一部分都记录了物体上各点的光信息，故原则上它的每一部分都能再现原物的整个图像，是真正意义上的裸眼3D图像[2]，被国际上广泛认为是最有发展前景的真三维显示技术。

光栅三维显示技术：在二维显示屏上将左右视差图像交错排列，利用光栅的分光作用将视差图像的光线进行不同方向传播，实现左右眼分别获取不同的图像。这一技术原理与目前流行的3D电影相同，均基于双目视差深度暗示原理，但是实现了裸眼观看，无须佩戴眼镜，缺点在于对观看区域有一定限制。

集成成像三维显示技术：利用微透镜阵列来记录和再现三维图像的真三

---

1 参见李远东《5种"真"三维显示技术的发展现状及展望》，上海情报服务平台，http://www.istis.sh.cn/list/list.aspx?id=81822014，2014。

2 参见张永宁、王泓贤《3D投影动画的表现方式研究》，《工业设计》2019年第1期。

维立体显示技术。根据不同硬件结构、参数和软件算法实现不同的三维成像效果。[1]

综上所述，计算机图像显示技术在一定的历史阶段内仍将延续以往二维成像的方式。因此，人机交互界面也只能在平面的维度中进行显示与操作，这一方式与三维动画构成技术理念之间存在着深度维度差异，限制了三维动画在空间维度方面的技术应用与艺术创造。虽然裸眼3D显示技术已初现端倪，但仍处于研发过程之中，需要突破现存的技术瓶颈。未来虚拟现实交互技术与生物传感技术的发展或许会打破影像画面二维呈现方式的技术限制，甚至突破人类视觉成像的原理限制，实现真正意义上的沉浸与互动体验。

---

1 参见王俊夫、张文阁、蒋晓瑜等《集成成像三维显示技术原理概述》，《科技传播》2018年第11期。

第三节　经济与文化维度

三维动画是文化现象与经济活动的集合，其艺术形式与内容具有艺术和文化的自然属性，有独立的文化价值；其创作结果作为文化产品能够产生经济价值，具有商品属性。在现代消费社会的语境下，动画文化通过符号的生产与传播实现产业价值。社会文化语境决定了受众对动画文化符号的接受程度与解读方式。三维动画的产业化是生产符号的过程，是文化内容通过创造及传播成为消费符号进而引发大众文化消费的过程。在三维动画作品的生产过程中，文化内容不等同于产业内容，其文本意义依赖于语境以及和其他文本的相互关系。

一、三维动画的全球化现象

三维动画自诞生就与产业密切相关，在发展的过程中充满了商业机会和行业竞争，引发了媒介资源、信息产业、娱乐产业、文化现象的重大变革，各领域与阶层都试图使用、驾驭和控制这一新型的数字媒介。“在现实社会环境中，技术的相关行为主体是有价值取向和利益诉求的具体人群。不同行为主体的价值和利益的分立，一方面可能是某项具体技术成为相关社会群体价值妥协和利益均衡的结果；另一方面，也可能是某项技术成为处于优势的相关社会群体所追求的东西。”[1]美国处于三维动画领域的主导地位，大量输出优质的三维动画作品，推广三维动画类型，带动了三维动画在主流动画市场的全球化扩张，从价值观、内容、形式、创作工具等多层面实现了垄断地位，同步完成了“文化帝国主义”的殖民化进程。这一进程包括几个层面的内容。

（一）通过全球化推广获取高额的票房利润

据不完全统计，1995—2018年，全球各国制作的三维动画电影中，美国出品影片占总数的52%。由电影票房统计权威网站Box Office Mojo所统计的

1 朱煜：《技术的价值负荷》，《文教资料》2005年第20期。

全球动画电影票房排行50强，所有入榜影片均为美国出品，其中47部作品为三维动画电影。美国以制作精良的三维动画作品获取了票房成功，并实现了投入与产出的良性循环，以票房的经济收益作为评判标准对电影进行了约束与衡量，确立了自身在三维动画领域技术和产品的全面领先地位，迫使各国动画产业被动跟随。

（二）以技术输出的方式重新界定行业标准

美国三维动画实现文化殖民的过程本质是技术的输出。三维动画创作的核心技术基础基本上都产生于美国计算机科技领域；全球最大的三维软件企业和研发力量也集中在美国；全球最有影响力的三维动画制作公司均为美国企业。美国掌握了该领域所有的生产资料技术，以技术输出的方式主导全球三维动画的制作与生产流程，以知识产权的合法方式控制动画创作的成本基础，在20世纪迅速地构建了全球动画领域的新格局。

（三）美式文化的全球化扩张

美国迎合现代消费文化的需求，把经济价值和感官刺激置于人文关怀和情感共鸣之上，培养观众对视听奇观和感官刺激的依赖，固化美式审美情趣对全球受众的同质化普及和模式重塑，严重压制了原本丰富多元的动画艺术类型和地域特色文化的发展。

赫伯特·席勒对于文化帝国主义从宏观的立场进行了分析与批判：美国等资本主义国家作为文化帝国主义的中心国家，宣扬“信息自由流动”，在国际传播方面进行全球电子侵略，导致了国际传播中的不平等现象；利用技术及经济上的优势将生活方式和价值观强加于发展中国家，对于全球的文化生产进行着结构性控制。其他国家的统治阶层受到吸引和推动，为了将本国社会纳入现代世界体系中，被动或主动地参与“合谋”，共同塑造并宣扬符合统治中心的价值观与结构。[1]

值得我们借鉴的是，美国动画在实现文化扩张的过程中，采取了将普世价值注入多元文化表象的方式，以技术为依托实现了美式文化内核的本土化包装。如《功夫熊猫》对于中国文化语言的运用;《冰雪奇缘》改编自安徒生

---

1 参见潘慧琪《不平等的世界传播结构：“文化帝国主义”概念溯源》，《新闻界》2017年第12期。

童话，具有明显的北欧特色；《海洋奇缘》取材自南太平洋与波利尼西亚文化。

二、视觉文化与肯定的文化

通过前文对于三维动画作品题材的统计与分析，我们可以发现三维动画在技术层面具备了模拟现实的表现力的同时，艺术创作所关注的焦点却完全转向非现实主义题材。这一悖论的产生值得我们对其进行深入的思考与探究。

（一）由技术特性所导致的对现实的遮蔽

三维技术所创造的影像无须忠实于真实的物象，可以对创造物进行自由操控，人为制造真实的视觉感受。“以假乱真”的超现实题材更易于获得感官刺激的快感，利于彰显工具性对视觉奇观的强化；现实主义题材则难以从外在表象上提供足够的视觉刺激。因此，三维动画更加倾向于表现奇幻类型题材，以“奇观化”“特异化”吸引观众的注意力。数字技术工具对人的创造力的解放是空前的，从观念到思维、从方法到类型，都打破了传统艺术审美的定式规则。技术的工具崇拜在一定时期内会出现极度的膨胀，呈现出超越传统艺术的审美过度化现象，以往精神和情感的审美在这一阶段会被置换为感官刺激的审美，以往的新兴技术在发展初期都曾经历过类似的阶段，陶醉于技术自身的强大所呈现出的形式与内容的畸形状态。这一特征恰恰证明三维动画的发展还远未成熟，正在找寻下一步的发展方向。

（二）由美学特征所导致的动画“假定性”的动摇

传统动画的假定性特征在视觉上体现为非写实风格，作为艺术手法，可以很好地表现现实主义题材，体现对现实的关注，不乏具代表性的优秀作品，如中国的《麦兜故事》用动物置换人类角色描述现代城市生活的艰辛历程（见图4-3）；日本的《萤火虫之墓》讲述残酷战争为人类带来的苦难（见图4-4）；加拿大的《养家之人》讲述了在塔利班统治下的阿富汗，普通人生命的卑微与人性的伟大（见图4-5）；美国的《小马王》通过讲述野马追寻自由的过程，折射出与命运抗争的壮丽（见图4-6）。这些作品透过非真实的画面衬托出现实题材的深刻，用艺术的语言对于现实内容进行了意向的提纯与升华。

图4-3 《麦兜故事》

图4-4 《萤火虫之墓》

图4-5 《养家之人》

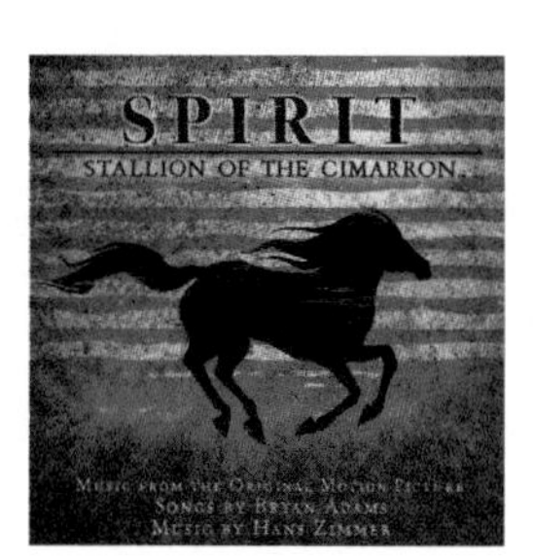

图4-6 《小马王》

“动画艺术便天然具有对现实进行批判的超越性维度……可以在保证艺术真实性和感染力的前提下对现实进行极大的抽象与概括……在现实的否定性批判维度方面具有着极大的表现空间。”[1]由“假定性”所产生的艺术创作与现实的“间离感”能够相对独立地保持动画艺术与现实之间的距离，不为现实所裹挟。三维动画所具备的视觉真实感，存在于动画形式假定性与实拍电影真实感之间。一方面可以理解为突破了传统动画无法表现真实画面、传统电影受制于客观的限制；另一方面也可以解读为尚不能达到传统动画艺术化的凝练、电影影像直面现实的冷静。因此，三维动画反而不像传统动画与电影具有清晰而明确的极致化定位。三维动画逡巡于艺术的抽象与真实的具象之间，造成了面对现实主义题材的暧昧立场。

（三）消费社会的视觉文化转向

三维动画作为大众艺术形式，必须获得大众的认可才有生存与发展的空

1 孙振涛：《3D 动画电影研究：本体理论与文化》，博士学位论文，华东师范大学，2011 年。

间。大众文化的形态必然受到社会语境的限定与形塑。消费社会的物质极大丰富，社会的关注点从以生产为中心转向以消费为中心，消费由针对使用价值上升到象征价值，由产品消费转向符号消费。让·鲍德里亚在《消费社会》一书中指出：消费社会中的消费并非人的真实需求，商品作为形象与符号象征着社会地位与社会认同，从而刺激人们的欲望，使得消费成为“非理性的狂欢”[1]。

消费社会需要基于消费者的感性认知构建商品符号价值，现代数字媒介又提供了影像得以面向大众的推广平台。基于这两点，文化实现了由以文字为中心向以视觉为中心的视觉文化转向。三维动画奇观化题材的泛滥是消费社会视觉文化特征作用于消费者需求的集中体现，迎合了当下社会文化的需求。

（四）文化的肯定性质对于社会现实的维护

“肯定的文化”（affirmative culture）这一概念是由霍克海默尔在1936年提出的。马尔库塞在1936年发表的《文化的肯定性质》中进行了详细阐述：“是指资产阶级时代按其本身的历程发展到一定阶段所产生的文化。在这个阶段，把作为独立价值王国的心理和精神世界这个优于文明的东西，与文明分隔开来。这种文化的根本特性就是认可普遍性的义务，认可必须无条件肯定的永恒美好和更有价值的世界：这个世界在根本上不同于日常为生存而斗争的实然世界，然而又可以在不改变任何实际情形的条件下，由每个个体的‘内心’着手而得以实现。”[2]在消费社会的工业文化中，“肯定的文化”对现实世界的肯定替代了对理想世界的肯定，剔除否定性的存在，成为维护资本主义既定社会秩序的统治工具。

三维动画在内容层面上存在着去现实化的倾向性，善于创造脱离现实的虚构世界。少数影片中包含的对现实的影射，也是将现实处理为具有鲜明意图的模式化叙事，与现实冲突无实际关联。在形式层面上通过营造视听奇观满足感官需求的膨胀与饥渴，替代思想需求，使受众产生思考的惰性，培养对既定现实的接受态度，屏蔽个体观察现实与评判现实的能力。

---

1 孙振涛：《3D动画电影研究：本体理论与文化》，博士学位论文，华东师范大学，2011年。
2 ［德］赫伯特·马尔库塞：《审美之维——马尔库塞美学论著集》，李小兵译，生活·读书·新知三联书店1989年版，第8页。

三、本土文化特色与时代精神

卡希尔认为：人是“符号的动物”[1]，人的本性存在于人自身的不断的文化创造活动中，人的文化创造依赖于符号活动。三维动画以图像符号和指示符号完成了其展示与认知功能，所引申出的象征符号则从一定程度上反映出不同地区、民族以及时代的文化背景。

荷兰心理学家吉尔特·霍夫斯泰德对文化的定义：文化是在一个环境中的人们共同的心理程序，不是一种个体特征，而是具有相同的教育和生活经验的许多人所共有的心理程序。不同的群体、不同的国家或地区的人们，这种共有的心理程序之所以会有差异，是因为他们向来受着不同的教育、有着不同的社会和工作，从而也就有不同的思维方式，即文化的维度差异。这种文化差异可分为四个维度：权力距离（power distance）、不确定性规避（uncertainty avoidance index）、个人主义与集体主义（individualism versus collectivism）以及男性度与女性度（masculine versus feminality）。

按照文化维度的差异性分析，不同国家、地域和民族的创作者在进行动画创作时，必然会受到源自历史传统的人文因素影响。同时，本土文化也会受到在全球经济一体化、全球文化价值观念的趋同、以消费为核心的当代社会运作模式等因素的影响与冲击。

（一）不同文化背景下的动画特色与魅力

动画作品会反映出不同国家本土文化背景下独有的特色和魅力。

美国动画：美国文化强调个人价值和民主自由，集中体现为影视作品盛行的个人英雄主义。美国文化没有沉重的历史束缚，移民文化的杂糅与融合具有极强的包容性与开拓性。自二维动画时期便发展出了极为成熟的动画产业模式和特有的动画风格：情节曲折，人物丰满，故事情节多以冒险、轻松活泼为主，秉承好莱坞式的大团圆风格，推广普世价值。美国是现代三维动画的发源地，也是目前最大的三维动画生产国，拥有迪士尼、皮克斯、梦工厂等动画公司，掌握最高端的技术资源和研发能力，代表全球三维动画的顶

1 李彬：《符号透视：传播内容的本体诠释》，复旦大学出版社2003年版，第3页。

尖水平。代表作品有《寻梦环游记》《超人特工队》《冰雪奇缘》。

日本动画：日本文化呈现较为复杂的矛盾性。一方面因为社会浮躁而孕育了绝望，另一方面暗含希望与生机。多样的性格特征造就了日本既细腻又粗犷的动画风格。作为传统动画的生产大国，在二维动画时代开创出了独特的动画艺术特征，发展出了成熟的漫画与动画文化发展体系，出品了大量优秀的动画作品，在全球范围内产生巨大的影响。随着三维动画的兴起，日本动画在技术层面的地位渐趋势衰，擅长将原有二维动画的优势与三维动画技术相结合。代表作品有《攻壳机动队》《最终幻想：灵魂深处》《苹果核战记》《2077日本锁国》。

英国动画：擅长以冷幽默进行表达，作品常带有强烈的讽刺意味，在幽默中夹杂严肃的观点和道理。其产生源于英国人的严谨性格，以及老牌资本主义国家完善的社会经济结构与文化传统。英国动画特有的动画风格是传统定格动画与现代三维动画相结合。代表作品有《狐狸的故事》《小鸡快跑》《战鸽快飞》。

法国动画：法国社会文化自由包容，浪漫而富有想象力。法国动画倾向于艺术化的表达，排斥工业化流水线的动画制作方式，创作了大量优秀的动画短片。对待技术采取包容并进的态度，二维和三维技术相互对立又包容互补，呈现了百花齐放的状态。法国动画形象极度夸张，富有想象力，直接包含着对特定人物的讽刺，区别于以美国文化为代表的主流动画形象样式。代表作品有《怪兽在巴黎》《盖娜：预言》《高卢英雄历险记：诸神之神殿》《金翅雀》《机械心》《微观世界：失落的蚂蚁谷》。

德国动画：文化根基是极具思辨色彩的哲学思想，暗含隐喻，实验性极强。德国动画艺术家们创作的动画作品大多富含深奥的哲理性，哲理性动画是德国动画擅长表现的主要类型。鉴于德国历史上曾出现大批优秀的音乐家，动画作品中音乐与图像的融合极为出色。代表作品有《丛林之王》《怪物家族》《动物总动员》《解救茜茜公主》《诺亚方舟漂流记》《重返戈雅城》。

俄罗斯动画：俄罗斯地理位置横跨欧亚，文化历史悠久，东西交融，民族宗教构成多元，动画作品呈现出鲜明的绘画性和民族文化特性。艺术的诗意之美蕴含于叙事之中，依然保持多样性和实验性，对于美的执着追求反映出人性中的善良美好。代表作品有“冰雪女王”系列、《萨瓦传奇》、《玛莎与魔法果实》。

中国动画：中国传统文化对中国动画的影响巨大。悠久的历史和广袤的国土蕴含着丰富的文化题材与美术样式。中国动画在20世纪中叶曾有过辉煌的成就，诞生出一大批优秀的文化成果。中国的三维动画起步时间在20世纪90年代，发展初期受到美国三维动画样式的影响，片面追求技术写实与西式的夸张表演，将传统文化符号与现代动画技术进行生硬的结合。近年来，创作者们在技术、艺术、市场层面经历了反复的探索与尝试，积累了一定的经验。在运用三维动画技术进行传统文化题材动画创作方面取得了长足的进步，不断地进行中国水墨动画的创作尝试，将文化内化重构后展现中国精神与情感表达。代表作品有《西游记之大圣归来》《白蛇：缘起》。

（二）文化形态的趋同是必然趋势

经济基础决定上层建筑，在全球经济一体化的作用下，文化形态的趋同是必然趋势。对于本土文化的保护性发展，无法阻挡实质上的文化全球化的进程。文化的本土性与民族性之间的本质区别将为普世价值所替代，转向全球文化的多样性存在形式。三维动画作为流行的大众文化样式，是大众文化符号的集合。它的创造与传播是形塑文化元素和心理结构的过程，其背后蕴含的审美意识形态和价值认同可以从文化心理学的角度解析本土文化和时代审美精神。

艺术形式的独立构建必然依托相应的社会文化背景和本体发展的客观规律。基于现代社会的语境，保留与发扬本土文化中的优秀特质可以理解为文化创造与时代发展的合流与并进。不同的时代对于文化有着不同的认知与评判，不同文化共同构成了人类文明，在文化差异性中亦存在着人性的交集。创作者要善于把握文化维度中不同线索间的关系，必须基于对自身所处的文化体系的深入理解以及对于时代脉搏的准确把握。文化的输出则必然建立在经济强盛的基础之上，依靠经济的发展实现文化的确立与输出，既是挑战也是契机。

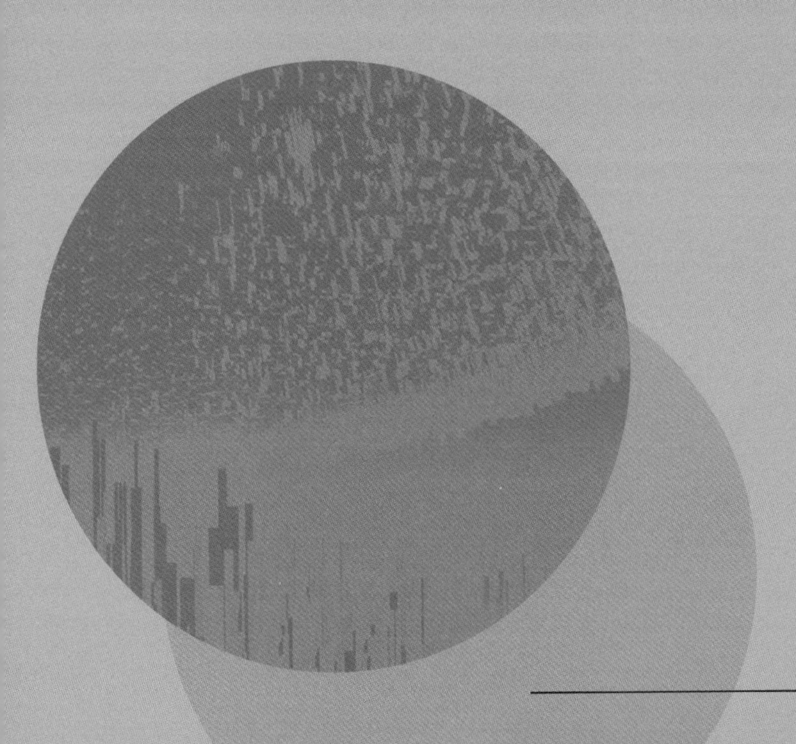

第 五 章

维度概念在三维动画艺术创作中的应用

第一节　前期设计中的维度转换

一、概念设计中的绘制与创建

概念设计是三维动画前期设计工作的重要环节，通常包括角色、场景、道具等方面的设计内容，需要体现完整的创作意图并为后续制作环节提供指导与参考。在传统二维动画中场景设定与人物设定是独立的工作环节，因为二维场景与人物的造型与色彩在完成绘制的同时即已确定，可直接应用于后续动画的关键帧绘制指导，绘制稿的作用是规范作品标准。而三维动画的场景与人物在完成设计稿后必须经过三维化的制作工作，由二维平面图形转化为三维立体造型，其最终造型的呈现结果需结合摄像机设置，色彩呈现需结合材质及灯光设置。人物和场景的绘制环节在三维动画前期流程中起到的作用为设计者与制作者之间的意图传递，指导后续环节的再创作。因此，此处在三维动画艺术创作流程的研究中将人物、场景、道具等设计内容归为概念设计范畴进行探讨与阐述。

三维动画创作的概念设计主要承载的功能包括：设计观念、情境、气息的表现；美术风格、造型特征；体量对比关系等创作整体概念内容阐述；形象设计、场景构造、道具物件结构、材质类型、质感纹理等细节信息。“艺术化的说明书”这一形容可以较为恰当地概括概念设计在三维动画创作流程中的重要作用。

1. 概念设计从广义上属于绘画艺术范畴，包括传统绘画和数字绘画，且技法基本共通。但创作目的有本质区别，由于需解决的问题的功能针对性在创作前即已明确，创作重点和最终呈现面貌亦有较大差异。概念设计普遍采用二维绘制的方式表现，不可避免地会面临平面设计与三维立体实现之间的维度差异问题。在这一环节的维度转换概念体现较为关键，虽基于客观认知但更加强主观意识的传达。创意设计的体现与科学原理的作用之间的关系微妙。在整体创作流程中，概念设计并非创作传统意义上的独立美术作品，而是将创作者的思维结果转化为可视化信息，为后续制作环节提供明确的概念指导与界定。依据剧本情节需要和世界观设定要求进行视觉创作，将文字信息转化为图像信息，进而确定后续三维制作环节的基本视觉规则。在三维动画流程中概念设计为动画创作服务，作为抽象思维与拟真三维实现的中间环节作用于创作过程，最终呈现形式依然是三维动画作品。

2. 概念设计的完成是由模糊到清晰的过程，随着设计者思维的深入逐步推进，从最初的想法概念到最终的画面呈现需要经过反复的推敲和权衡。创作者必须选择最为快捷的表现方式才能捕捉到稍纵即逝的创意灵感。真实世界的信息经过分析加工，融合主观处理与变化，通过熟练至本能的技术手段描绘、记录表象和感受，这是高度凝练的过程。在创作初期，感性思维方式占主导，随着深入程度逐渐添加理性思维的分析处理结果。在这一环节的初期，灵感捕捉、创意尝试是首要目的，需要简化创作的技术流程，提高创作效率。因此，概念设计多采用绘画的方式进行，既包括传统材料绘画也包括数字绘画。绘画艺术将真实世界的维度处理为层次关系，从轮廓入手推进至结构细化的思维过程和表现手法也更适合创作初期的目的。

3. 概念设计以翔实的资料为基础，以详尽意图的表达为目的。表达创意设计的美学与科学意图，应具备一定的与设计内容相关的专业知识。资料的支撑、分析与重构是设计中不可忽视的重要工作。设计图在对于后续工作起到指导作用时，往往需要提供相关的真实照片资料作为局部细节的补充说明，阐述美术效果、结构描述、质感范例等重点内容。如场景氛围类重点在于场景环境的层次关系、色彩影调；角色设计类重点在于角色体态轮廓、比例关系、重要细节；道具设计类重点在于造型变化与结构的合理性。也会有相当数量的概念图用以表现世界观设定的信息与气氛强化，以加深对整体项目的理解。

4. 概念设计画面中的虚实关系是突出视觉重点、调整画面节奏的有效手段，可分为对视觉景深效果的模拟还原、创作者主观意识对画面内容的概括取舍。绘画处理手法由技法和工具实现画面元素结构虚化。三维画面的虚实处理是在元素结构始终明确的基础上，由摄像机焦点位置与光圈大小等参数决定。结合Z通道数据进行后期特效处理实现景深效果的强弱，非景深画面虚实关系则依靠光影和色调关系实现。两者的维度区别直接影响设计意图在后续制作环节中的实际还原度，要求创作者对于画面元素的构成要素与视觉艺术效果的关系有全面而深入的理解。

5. 绘画风格与三维美术风格存在差异。绘画技巧有时会在三维化的制程中被抵消甚至误导理解。在绘画中创作者主观处理前置，与绘画表现过程同步，在过程中主观与客观相互比对，通过绘画技巧实现统一，从宏观的画面构成逐步深入，根据画面需要调整细节的虚实关系，从整体到局部的创作方式更易于获取协调的视觉效果。而三维制作则以客观入手，主观意识后置，在还原客观之后进行调节与变化，以局部元素逐步增加实现场景内容填充，从局部到整体的堆砌过程实际上是对概念设计平面稿的再创作。

6. 概念设计中二维绘制工作部分需通过三维制作的环节完成制作，两者共同构成三维动画作品中基础可视化元素的信息传递（见图5-1）。前者凸显想象力与创造性，后者则基于构成原理的客观性强化前者的视觉可信度。三维制作环节需要概念设计的指导与限定，否则极易出现制作深入程度失控、制作元素不协调、成本虚耗等问题；概念设计需要经过三维制作环节再创作，进行三维化实现并推敲原理，将画面元素拓展成为场景元素，以完成三维动画对于表现对象多角度拍摄的要求。二维绘制与三维制作相互依存，共同实现空间造型的确立。

7. 创作流程的技术使用并非一成不变。二维绘制手法即使在计算机辅助工具大量应用的前提下，在处理透视及体量关系时依然会耗费大量的精力且难以保证效果。三维技术应用于前期概念设计中会起到快速表现的辅助作用。三维技术中空间构成与摄像机虚拟技术可保证透视关系的精准，尺寸单位的统一则可迅速精确地获得正确的比例关系。创建与绘制等多种综合手法

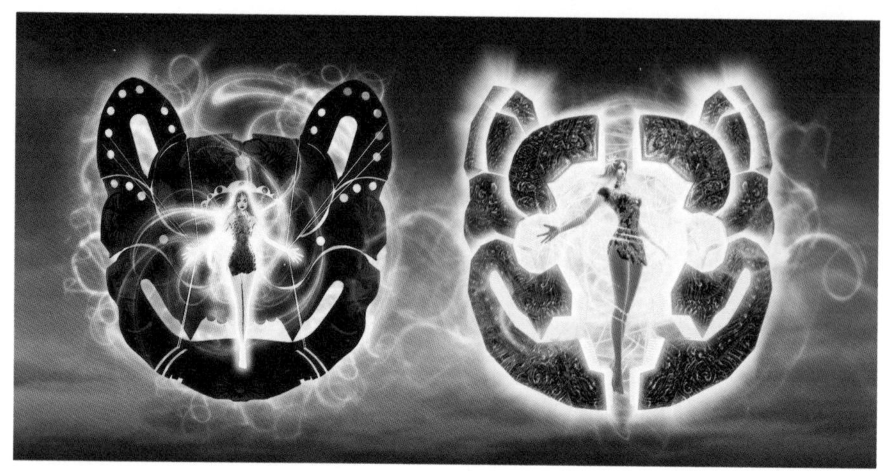

图5-1　概念设计与三维制作完成效果对比（作者原创）

的运用会有效地提升创作的表现效率，对草图模型进行光源方向与色彩的设置也可以快速获取光影参考效果，但必须注意此阶段三维技术的介入仅以辅助二维绘制为目的，避免陷入细节刻画而影响整体意识的展现。

8. 基于真实构造原理的三维场景在创意表达环节存在以下劣势：从局部至整体的构造方式难以对画面进行整体控制、制作时间成本和技术成本投入高、不易迅速调整。虽然部分三维艺术家在个人创作中依靠深厚的空间造型思维、艺术素养、技术能力可以使用三维工具完成概念设计的工作，但多数三维动画创作是群体创作过程，技术环节的复杂程度会放大个体能力差异，难以规范统一。

艺术来自生活而高于生活，概念设计的来源一定是基于现实生活的，创意必须符合一定的客观规律，对于现实来源的极致模拟，其目的是使虚拟的创造物更加可信，对于生活的观察体会、知识面的拓展、严谨的研究态度、对未知领域的好奇心等综合素质与敏感的艺术感知力、准确的艺术判断、高超的绘画技巧同等重要。

二、模型制作中的编辑与深入

模型即三维动画的立体造型。模型的作用首先是实现造型和结构的表达，其次是动态的表现基础。模型的获取方式包括三维扫描数据、图片数据生成计算、软件制作三类。根据行业及应用领域的差异，三种输入方式可灵活选择及相互转换，需要注意的是最终用于动画创作的模型，无论采用何种方式获取，都需要符合相同的技术标准及规范：模型的外观与构成模型的拓扑结构需尽可能地吻合与协调。

三维扫描数据的模型获取方式是对真实存在的物件进行数据采集，通过三维扫描设备精确地还原物体的外形结构，作为参考或进一步造型修正的依据。图片数据生成是一种较为折中的模型数据输入手段，将物体的多角度图片根据三维造型的关键点和结构位置进行规范定义后由计算机运算生成。软件制作的方式是最为通用的方式，其最显著的技术特征是可实现零素材的基础创作。在计算机中通过三维造型软件的创建与编辑实现造型的塑造，这种方式与客观世界无必然的依存联系，不受已知造型的限制，是最为灵活和多变的模型获取方式。主流的三维软件均具备模型制作功能，其造型原理为点、线、面、体的变化组合，与传统绘画与雕塑的造型理念有着密切的联系。

1. 常见的模型制作手法包括多边形造型、NURBS 曲面造型、数字雕刻造型（基于多边形造型手法基础）三类。多边形造型使用连续的多边形表面构成三维物体的造型，通过空间中不同位置坐标的顶点形成线与面，在制作与调节的过程中点、线、面、体的关系最为明确，手法简单，变化丰富，由于此方法最接近计算机三维图形的基础构成原理，所以也是扩展性和可控性最大化的建模方式。NURBS 全称为非均匀有理 B 样条线，是由函数曲线进行连续表面制作的方式，其特征是精确参数化，广泛应用于工业设计领域，由于其制作目的的精确化要求决定了此方式的实现效率较为低下。数字雕刻造型是近年来较为流行的三维模型制作方式，其特征是最大限度还原了真实立体造型的制作特点，并结合计算机造型的技术优势与效率优势，在超高面数（通常为百万级）的多边形基础上进行雕刻和塑造，造型创作过程直观且高效，由于其应用技术层面最为接近传统艺术领域的思维方式与操作习惯，可相对缩短技术转化周期，受到了艺术家阶层的欢迎与青睐。但是这种方法创作出的作品由于多边形数量过高，无法直接应用于最终行业领域，必须经过后续技术环节的完善与信息传递，后续环节的技术细节根据应用领域的区别可分为模型结构纹理烘焙及模型拓扑再制。绝大多数的造型制作可分解为搭建与单体两类，两类方式均可实现不同复杂度所对应的丰富效果，也可进行组合获得更高细节与结构变化的造型。在模型制作的过程中，建立维度变化的概念对于模型的理解分析与制作表现均有极为重要的作用和意义。

2. 三维造型的现实来源决定了单体造型在许多情况下是平面造型的结构化与变形化后所呈现出的最终外观。绝大多数情况下，单独的三维造型构成元素去除整体关系的扭曲、弯曲等变形因素，都可以获得接近于平面的造型，局部的不同厚度变化形成了凸凹变化的表面，从三维造型的技术手法上进行实践分析可以发现：立体造型在局部制作的过程中均可进行二维轮廓化的先期制作，而后进行厚度变化的编辑并逐步深入此过程，以得到更为复杂的结构呈现。

3. 构成三维结构表面的元素集合为三角面几何体，不同位置方向的连续平面构成了模型的表面，可通俗地理解为采用切面的方式塑造出的丰富结构。无论使用何种模型获取的方式以及制作方式，计算机三维图形在最终运算时均计算三维对象的三角平面，三角面数量会决定最终渲染效果的精细与平滑程度。针对不同的应用领域，相应的视觉特征有相应的面数要求：追求真实感的模型会尽可能消除一切锐利的转折（见图5-2），强调视觉与资源消耗平衡的模型会结合贴图技术减少非关键轮廓结构的多边形数量，部分极简的设计甚至会刻意地强化模型表面的拓扑结构作为视觉风格。

4. 整体、局部的认识理解方式延展至三维模型的建立中可轻易地解决复杂表面结构与复杂体积结合的造型问题。无论是简单或复杂的三维造型均可分解为不同体块结构，对于各构成部分的分拆与表现取决于创作者对于形体构成及相互关系的认知理解。对于制作对象的形变、结构、吻合关系，需要分层次、分步骤地认识分析，并结合相应的技术手法进行实现。单一的点、线、面手工编辑存在着效率低下、精度不可控等问题，在解决了基础造型塑造的前提下，创作者应进一步发挥计算机工具在三维造型创作中的效率优势。模型各部件的相互关系需要精细化的处理，尤其是局部结构附着于整体之上时需要使用“借形”的概念进行制作。模型结构主体确立后，其附件应尽可能地维持与主体造型的拓扑结构吻合。对于各分解结构之间的附着关系，需要注意交界处的转折处理应避免简单化，注意“覆盖”与“穿插”关系的区别，为后续的动画等其他创作环节打好必要的基础。

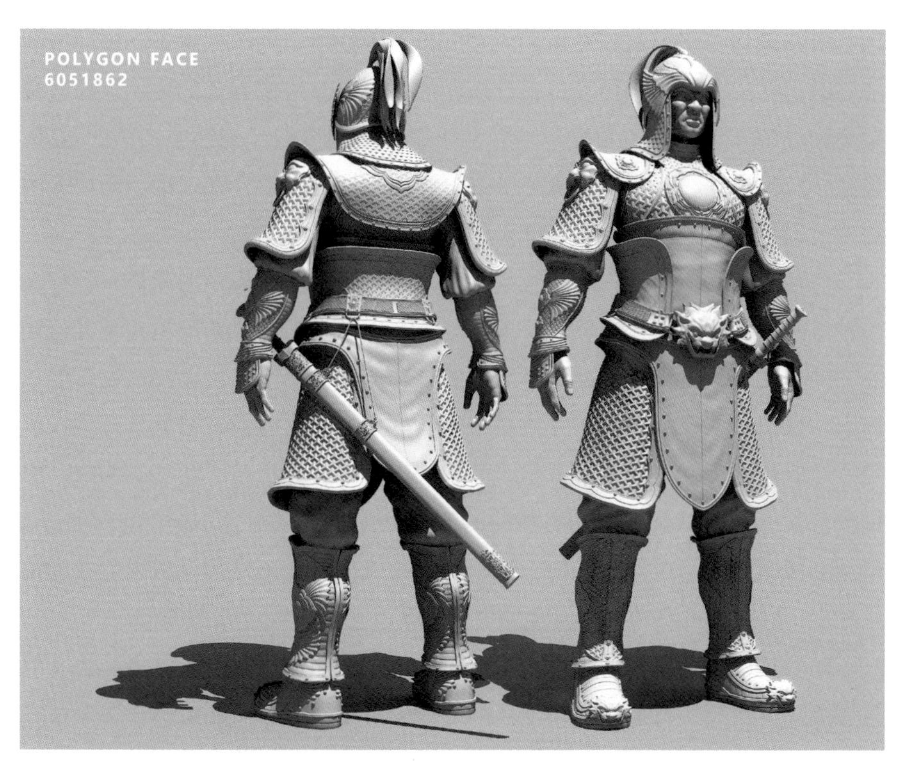

图5–2　高精度多边形模型（作者原创）

5.纹理、模型两者的相互转化与应用对于复杂对象表现具有重要作用。纹理与模型的相互关系是双向的、多层次的：纹理模型化可实现高数量多边形的复杂结构快速制作，或者用于制作随机性较强的镂空结构；模型纹理化则应用于三维动画创作的多个流程环节，如远景的布置、后期特效分层等。对于模型的编辑环节，模型纹理化与绘制纹理的最大区别在于：模型可提供精确的Z轴深度信息以及不受素材限制的原创辅助工具。由二维纹理投影至模型表面并根据其灰度值调整凹凸变化的造型手法得到越来越广泛的应用，此手法的原理是将255个位图灰度色阶转化为不同高度的Z轴信息应用于模型表面，在较为传统的三维制作流程中多应用于材质及渲染环节，即凹凸、置换贴图的使用，经过后台渲染获取最终效果。随着计算机硬件性能的增长，置换作为一种相对直观、迅速的制作手法可实时应用于很多雕塑类软件。

6. 动画命令组合与技巧可用于基础模型的创建。创作流程中动画环节的前置对于特定模型制作环节可提升操作的便利以及造型方式的拓展，对于复杂表面的整体结构造型变化和外观随机结果的创造能起到事半功倍的效果。模型结构的合理性与后续动画环节有着极为密切的联系，在三维动画模型的制作过程中，必须进行不同时间点及运动状态考量等测试工作。

7. 用于非真实渲染效果的三维模型的制作与真实渲染模型相似，但存在关键区别，需要在制作前期进行理解分析。二维艺术效果的模拟并不能仅依靠去除光影变化实现，由运动所产生的精确透视变化依然可以传达物体的立体感，模拟二维视觉效果的三维模型需要注意过渡结构的概括化处理，以避免不必要的干扰细节。对于视觉线条的表现通常会包括轮廓线、结构线、修饰线三类，在模型制作中均有相应的专门处理手法以配合不同的效果要求，甚至会使用空间挤压的方式将三维模型平面化，以避免摄像机透视造成的镜头畸变，同时亦可有效减少轮廓线由于角度变化所造成的线条闪烁。

8. 目前的主流显示及输入设备的工作方式依然是建立在二维坐标体系的基础上，视窗操作在三维模型建立的过程中占据极大的操作比例，对象及工作坐标轴变化也会极大地影响制作效率乃至制作结果。随着模型精度的提高和制作细节的添加，选择方式也越发重要，由此而延展出的制作技巧从操作的角度出发，很大程度上决定制作结果。由于此类技术细节更偏重于纯操作层面，无法从模型结果上直接体现，较易被忽略，而实际上三维动画制作中二维输入方式的沿用是由于输入工具的技术限制，将三维坐标系的操作分解为两次完成的方式并不利于造型的流畅创作。

三维模型虽然是在虚拟环境中建立的立体造型，但是在最终视觉结果信息传达的层面依然遵循绘画的审美原则。三维动画现阶段最主要的呈现方式依然是二维画面的屏幕呈现，视觉审美的基础原则在画面整体效果的营造和处理方面依然适用。

三、造型表现中的形体与结构

造型是指创造或塑造物体的特有形象。形体结构从字面的理解：形，即轮廓；体，即状态；结，即衔接；构，即安排。形体结构包括了单体元素及复合元素物体的造型与物体间的相互关系。

三维动画创作的终点是视觉艺术作品，造型表现是前期设计工作中期的重要任务。造型表现在创作流程中主要涉及概念设计及模型制作两个基础工作环节，维度变化在各环节中以及环节之间的体现富于变化、关系微妙。由此阶段开始，最终作品的视觉符号以及视觉特征逐步建立，并构成明确的造型风格。传统造型艺术领域对于造型的认知与分析已形成了极为成熟科学的方法体系，对于计算机图形艺术有着重要的指导作用。三维技术从感知客观到虚拟真实的技术本质在此基础上发展出更为细化与具体的造型认知与实现方式。

1. 三维造型概念的确立以传统造型艺术的理论和认知方法为基础，以技术实现特征为线索，对于观察及造型方法进行符合本体特征的梳理和归纳。已有的观察方法及检查方法均适用于三维造型表现，在造型方法上则有符合三维构成规则的技术特征。三维模型的制作方式在实际渲染计算时均以三角面多边形为计数基础。POLYGON、NURBS 等模型制作方法均基于点、线、面、体、元素的基础构成原理。从维度空间的角度看三维与绘画这两种造型概念：三维制作基于体积控制定义精确的空间位置，以改变点与点之间相对位置调整造型、添加点的数量增加细节、减少点的数量调整结构，依靠后续技术环节实现画面生成；二维绘画基于面积控制，依靠视错觉实现虚拟的空间层次，以点、线、面在既定面积中的占比进行画面造型调整。

2. 形体是指物体的外部边缘形状及剪影，结构是指整体的各部分的搭配和安排、物体的内在构造及组合关系。两者是造型对感官产生影响的重要元素，并起到定义整体与局部关系、决定造型视觉感受的作用。在三维坐标体系中不存在孤立的形体与结构概念，两者随观测角度的不同随时转换与相互作用（见图5-3）。通过理解维度的转换指导两者的视觉协调，是三维造型表现的工作及研究的实质内容。

3. 形体的认知与表现要素包括轮廓、体量、比例。轮廓定义对象外形，由物体的结构边缘剪影构成，随角度和形变呈现动态变化，是最直观的形体呈现，也是美感和特征的整体反映。轮廓在画面构图中起到分割画面的作用，也是检查造型是否准确的重要依据。体量是指物体在空间中的体积，在轮廓的二维剪影基础上添加深度维度，辨识对象空间体积。对体量的控制与修改，是创作现实或幻想内容题材最常见的手法之一。结构复杂程度对体量

图5-3　三维造型中的形体与结构（作者原创）

感有很大影响。比例包括形体之间的对比关系及单个形体的各部分的对比关系。

4.结构的认知与表现要素包括穿插、转折、过渡。穿插指物体各部分间的组合关系和结合方式，在空间中定义各构成元素的组合方向，是机械和建筑类造型表现的重点。转折指物体表面结构的起伏变化，是物体体积感的重要表现，对转折的强化与削弱是最为常用的动画造型创作夸张手法。过渡体现物体表面的连续性和完整性，是生物模型的制作重点，与转折相互作用构成形体变化的节奏感，表现丰富生动的造型细节特征。穿插、转折、过渡三者共同存在，形成对比关系，构成物体表面结构的丰富变化，并可从造型层面体现部分质感。

5. 形体与结构并非仅针对单个形体的造型研究，三维动画作品中镜头范围内的所有构成要素会组合成为场景。场景的整体轮廓分割画面，形成镜头构图；整体结构深度构成画面层次。局部空间体积的结合对于宏观整体场景而言，可概括为与摄像机位置点距离不同的层次。反之，随着摄像机向各层次的推进与进入，亦会观察到清晰的细节结构。在三维动画作品的创作流程中，前期镜头设计的重要目的之一就是尽可能地明确摄像机的位置与运动，对于各个镜头内需实现的视觉效果进行精确定义，以便有效地通过分析制定技术实现的方案。应重视维度的扩展与压缩概念在此过程中所起到的原理性作用。

6. 三维对象的创建与编辑理论上不受分辨率及创作工具的精度限制，在制作阶段不受像素分辨率限制，可以在计算能力允许的前提下尽可能地深入细节，视图与对象距离自由可变，易于进行整体观察和细节深入。而三维动画的最终成片依然以二维画面的方式呈现，即使是现阶段的3D电影画面，也是基于视觉偏光原理将画面分为左右眼通道输出实现立体层次的效果，故在相当长的时期内，三维画面的播放依然会沿用点阵图像序列的方式实现。三维制作在图像结果输出时依然受到画幅标准分辨率的限定，成片分辨率标准要求三维造型的精度与表面平滑程度与之适应，尽可能地降低非造型需要的几何棱角。镜头景别的要求在此基础上进一步提升对象形体与结构的制作精度可控性，避免虚耗成本并隐藏技术痕迹。

7. 造型表现概念设计环节多通过绘画方式实现，绘画的用笔技巧即“笔触”会在很大程度上影响造型的外在表象。当制程进行至三维制作环节时，绘画“笔触”无法精确地在空间中定义位置坐标，必须将其提炼概括为“笔意”进行理解并进行三维造型还原。部分雕塑类三维造型软件中会存在各种形式的笔刷，以实现模型表面丰富变化的凹凸外观。其基本工作原理依然遵循顶点空间位置的规律，在实现高细节造型过程中需要不断地进行整体关系的调整。在综合理解造型的前提下，通过“宏观造型调节”命令与技巧对创造物进行谨慎的修改，其实质是二维绘画工具与三维造型工具的维度差异补偿。

8. 多角度观察与编辑是实现造型表现准确的必要方式。三维模型的造型控制实际上依靠调整点与点的相对空间位置（即移动）实现，此空间位置在实际操作中由于输入工具的限制，需分解为多次移动，或配合编辑对象的视图角度实现三维度的位移。空间相对角度可变这一特征与二维绘画有着本质上的区别。三维制作中需要理解世界坐标系与自身坐标系的关系，根据实际需要进行切换。在实际操作中，需要进行多维度的方向与角度控制，相对应的工作坐标系的种类与数量更为丰富。这一点与传统绘画或数字绘画基于平面坐标的绘制操作大相径庭。

9.三维多边形造型工具是目前模型创建的主流方式。根据关键结构转折入手创建，由整体关系逐步增加控制点实现细节的丰富，依靠迭代差值计算呈现平滑表面。这一造型手法最大的特征是深入方式与传统美术接近，易于从造型概念上实现对接与移植，相当于在计算机工具平台上进行的手工操作。但由于操作方式无法定义精确的数值，仅能够根据经验与手感尽可能接近准确，误差不可避免，因而更适用于“无精度要求建模”，如用于生物体的创建。不同类型的造型对于形体与结构的表现要求千差万别，技术实现方式需要根据其造型特征慎重选择。基于放样原理的模型创建方式在早期的三维软件中被较多使用，是典型的平面维度空间扩展的三维建模工具，此方式以路径与截面二维图形、物体三视图的拟合关系为工作核心原理，适用于精密图纸的三维创建，在现今的三维软件工具中依然有着不可忽视的重要作用。工业设计类软件基于NURBS曲面建模的部分工具，其原理与放样工具相同。

造型的生动与精确是创作者永恒的追求，不同的造型创作方式存在着难点与瓶颈差异。在三维作品的创作中，实现凌乱细碎远比实现整洁完美更加困难，生硬与冰冷亦是经常被用于评价CG作品的形容词，计算机工具倾向于科学理性的技术属性必须依靠创作者的情感予以中和，甚至刻意地制造误差，尽可能地消除技术痕迹。手工时代的艺术追求精确与细致，信息时代的数字艺术则寻找生动与温度。创作者使用计算机工具创造作品的过程，实际上是感性思维与理性思维不断碰撞、冲突、交锋、妥协而至最终统一的过程。

四、纹理绘制中的映射与包裹

纹理是指标示物体表面细节的图像，是作为加强三维图像视觉表现力及真实感的重要工具。计算机图形学中三维物体的纹理绘制技术分为表面绘制和体绘制。表面绘制是指作用于三维物体表面的二维图形绘制，基于数字图像的二维光栅坐标，包括平滑表面的彩色图案以及呈现凹凸变化的肌理纹样。体绘制是科学可视化的重要手段，是由三维数据场产生屏幕上二维图像的技术，由三维阵列来描述体素位置，在技术上更为前沿，现阶段更多应用于医学等领域对于物体内部结构的探索与表现。在三维动画领域中，部分程序纹理与流体类涉及体绘制及体素概念，此处的研究重点依然为与动画艺术创作关系更为密切的表面纹理绘制范畴。

1. 三维物体的细节增强可通过提高构成模型的三角面数量实现，通过复杂的模型呈现出接近真实的效果。目前的数字雕刻软件多基于此类方式工作，对于提高静态三维模型的细节表现卓有成效。但此方式无法直接应用于三维动画的制作，计算机硬件处理能力无法负荷过高的模型面数进行实时动态处理。现阶段，使用纹理进行表面细节的增强与模拟仍然是更为便利、高效的解决方案。

2. 纹理与模型可通过渲染及贴图的方式进行实际操作中的互相转换。复杂模型的结构细节亦可通过贴图烘焙技术转换为纹理贴图映射到简化模型表面。如漫反射贴图（diffuse map）、凹凸贴图（bump map）、法线贴图（normal map）、高度贴图（height map）、高光贴图（specular map）、环境阻塞贴图（ambient occlusion）、光照纹理（light map）、环境映射贴图（Cube map）等，用以产生丰富逼真的视觉效果，并尽可能节约系统资源（见图5-4）。值得一提的是，透明贴图通道的使用在三维制作中极为常见，用于增强物体轮廓细节、提升场景层次丰富程度，如植物叶片、毛发、光效、远景植被、天际线遮盖等效果制作，通常需要结合高光贴图应用。纹理可通过置换类命令原理作用于模型实现表面高度的信息映射，依靠灰度位图黑白灰的亮度关系映射至模型 Z 轴进行凹凸高差的计算。在 Zbrush、Mudbox 等数字雕刻软件中，雕刻软件优化的算法提高了视图显示能力，这一功能使造型更加直观且有效。在三维动画软件中，为了减轻系统显示压力，也可以在材质置换通道中应用

图5-4 多通道贴图在模型表面的运用（作者原创）

纹理，通过渲染实现模型表面丰富细节的输出。

3. 像素纹理与顶点着色是三维制作中较常见的纹理应用方式。像素纹理作用于三维物体，需要进行贴图坐标的制定与调整，将顶点位置信息与贴图像素信息进行关联，每个顶点关联着一个纹理坐标（Texture Coordinate），使用纹理坐标获取相应贴图位置纹理颜色，在点与点之间的间隙位置由软件进行图像光滑插值处理。顶点着色基于模型几何体顶点的信息，为每个顶点提供独立的色彩信息，可在视图上实时显示模型顶点的色彩信息，允许用户在三维模型上直接绘制及编辑色彩。与像素纹理应用的最大区别是其着色精度受到模型表面顶点数量的约束，在动画创作所使用的模型上更适合处理过渡色的效果：在由较少多边形构成的模型上，不同顶点色彩之间呈现平滑过渡的衔接状态，适合表现光照与渐变等效果；在高密度多边形模型上则可直观地进行精细的绘制。顶点色与模型结构对应，不需要进行贴图坐标的指定，在实际制作中常与像素纹理结合使用，可扩展出丰富的应用技巧。

4. 指定模型顶点坐标与贴图纹理坐标位置对应的技术环节为UV贴图。UV贴图的作用实质为换算三维物体空间坐标与纹理平面二维坐标，通过二维坐标系定位图像上任意像素点的位置信息。三维模型的构成顶点通过换算，与纹理坐标相联系，决定模型表面纹理贴图的位置。“U”指水平方向，“V”指垂直方向，通常为物体指定纹理贴图最标准的方法就是以几何体坐标方式投影贴图，将图像沿 x 轴、y 轴或 z 轴直接投影到物体表面。此方法适用于表面平整的物体，但当物体表面不平整、结构较为复杂、边缘弯曲或贴图表面法线方向平行于投影平面时，必然会产生纹理的拉伸变形问题。为解决这一问题，需要对模型结构进行拆解，将模型顶点构成的表面展开压平并尽可能维持局部面元素的原有形状。

5.NURBS 表面和多边形表面由于构成方式不同，导致贴图机制不同。NURBUS 表面自动内建 UV 参数，此参数不可编辑，用以定位表面点的位置参数，可与纹理贴图像素位置坐标直接对应。多边形模型各顶点位置定义方式为空间绝对坐标位置，需要在造型完全确定后进行二次指定。为所有顶点定义二维平面坐标信息，即 UV 信息，以保证与图像纹理信息的统一。对于指定 UV 的模型的再次修改会导致 UV 错位，如需在 UV 拆解后对模型进行修改，通常必须在造型修改后及时对 UV 进行调整与完善。由于 UV 的指定与多边形模型的创建过程分离，对于 UV 的坐标调节不会破坏已完成制作的造型，三维模型可创建多个 UV 排列方案，指定多重 UV 通道信息对应不同的纹理，实现更为复杂的贴图混合效果，配合材质动画调节可实现纹理的动态切换变化。

6. 纹理坐标与三维物体坐标虽然可通过 UV 指定进行转换，但由于存在空间维度差异，误差不可避免。模型与贴图的吻合程度很大程度上取决于 UV 贴图品质，需要创作者进行周密细致的判断，以技巧和经验进行弥补，规避误差。通常 UV 贴图的工作包括 UV 拆解与 UV 放置两个重要环节。UV 拆解决定模型表面结构的展开方式，可直观理解为服装裁剪后缝制过程的逆向操作。拆解模型的各个部分并展平，即 UV 分块。UV 块的数量与贴图变形程度成反比，与模型表面纹理接缝数量成正比。理论上对于模型的每个面进行拆解，可实现无任何拉伸的纹理映射，但会面临接缝无法消除的问题，故 UV 拆解需综合考虑模型结构与纹理贴图的关系，在尽可能避免纹理拉伸的同时减少接缝。UV 放置决定纹理贴图的像素使用率，合理的放置布局能够在尽可能节约系统资源的前提下提高有限贴图尺寸的利用率，提高纹理表现质量。

7.UV 拆解时接缝的处理应遵循隐蔽原则，放置在物体表面材质或色彩交接处，或结构遮盖处等不可见位置，并进行 UV 接缝的消除处理。UV 放置应遵循提高像素利用率、便于后续操作等原则，常使用到纹理共用、UV线调平、合理规划 UV 块间隙等技巧。三维制作中常见的对称结构会极大地提升贴图共用效率，但需要避免过于明显的结构与纹理对称所导致的生硬感。重复纹理需尽量减少特征性细节获得整体协调。附着法线贴图的模型镜像时必须注意法线方向坐标系错误的问题，采取 UV 象限处理或采用次物体级镜像等方式予以避免。

8. 位图纹理的分辨率与画面分辨率联系密切，受摄像机距离与景别的影响，位图由像素构成，在不同景别镜头中物体贴图的显示尺寸有较大区别，在制作贴图时应充分考虑到此种情况，预留贴图尺寸余地，或使用程序纹理、顶点着色方式进行处理，避免出现贴图质量问题。甚至部分大特写镜头中需要对纹理进行模型化处理以提升画面品质。

9. 动画中各元素的运动对于模型与纹理的关系会产生较为强烈的影响，纹理附着于物体表面并非固定不变，运动物体的形变会同步带动贴图产生拉伸或压缩。纹理在模型表面亦可通过调整 UV 位置的方式进行独立的动态效果制作，产生纹理滑动效果。动态纹理也可以通过视频或序列帧的格式应用于物体表面，产生丰富的画面动态视觉效果，但容易造成系统负荷过大，对于此类效果的制作应根据经验进行预断，亦可在后期处理中完成。

基于二维纹理与三维模型的维度变化关系可拓展出极为丰富的应用技巧。借由 UV 与纹理贴图的适配原理——像素在模型表面的外观维持，可延展出复杂结构的模型创建技巧：将三维度方向变形的模型局部简化为二维度结构，在完成复杂结构层次的处理后，依附于可变形物体的展开表面进行整体变形操作，可以有效地完成由精细单体契合而成的复杂结构建模。

五、风格界定中的写实与概括

风格是作品内在特征的整体外部呈现，反映创作者的审美倾向与主张。创作者个体的人生经历、情感倾向、综合素养等方面的差异，结合时代、地域、社会等条件的影响，呈现出近乎无限的变化。写实是以描述真实客观的物象为目的进行事物的如实描绘，尽可能地再现事实，如实地描绘事物。概括是对具象事物的本质特征进行抽象化，并应用于同类事物，抽离感知与表象中的共同特征与属性。三维动画的风格具备在从写实到概括的区间进行自由定位的可能。

三维动画前期创作中对风格的研究包括美术风格、技术风格、表演风格。其中，美术风格与传统美术领域研究内容相似；技术风格则涉及技术路线、技术流程、技术特征等方面的内容；表演风格由剧本设定决定，并受到美术风格的影响。三维动画的写实性特征是其本质特征，视觉写实与表现写实衔接关系密切，容易在创作过程中忽视主观意识，因此必须对提炼这一概念加以重视与思考。三维动画的应用领域特征，决定了其外观风格与应用领域视觉表现的统一，技术风格以应用领域构造原理为出发点，以计算机图形学为基础，并自成体系。此处所讨论的写实与提炼概念，既是创作中线性过程的两个阶段，又是共同作用于创作整体的并列要素。对现实的表象模拟，在追求真实的过程中往往需要通过对其形成过程的还原与实现，抽离出现象的本质并加以推广。

1. 三维动画广泛应用于主流数字娱乐行业，已经形成了大众较为认可的视觉风格，可概括描述为提炼、夸张、变形的造型设计，模拟真实的材质纹理与光影。这一样式的形成来自综合因素：对于真实感的追求或描述真实存在的物质、对于已有视觉经验的总结与概括、延续二维动画由于创作技术限制与成本控制所形成的简化外观，基本可以定义为写实（模拟与再现）、建立在写实基础上的风格化（概括与提炼）以及建立在风格化造型基础上的写实表面（相似与重构）。该风格的形成首先是以获得更多的受众认可为目的；其次是在原艺术类型美学特征基础上的继承与发展。三维创作处于记录、雕塑和绘画之间，其技术特性和视觉特征是上述三类形式的综合体。摄影和摄像对现实的记录与现实世界之间的联系存在因果关系；雕塑艺术和绘画艺术早已突破了对现实世界的再现而更侧重于主观与意向的表达；三维技术与现实世界的联系则更倾向于相似性的模拟，具备了模拟真实并进行自由变化的能力，即视觉真实感。

2. 上述风格为现阶段三维动画的风格特征，纵观其发展历程，在不同的年代有着不同的风格特质，随着技术的进步和观众的需求，三维动画的风格也在逐渐变化。技术的发展为所能模拟的不同类型艺术风格创造实现了效率的提升，提供了在时间维度上呈现状态变化的可能。理论上发展成熟的传统美术可以实现任何视觉效果，而实际操作层面，基于帧变化与视觉暂留原理

图5－5　非真实渲染风格三维实验动画（作者原创）

的动态画面，要求连贯的静态画幅数量限制了可实现的艺术风格形态。众多的美术风格在现阶段更多地以实验动画方式呈现（见图5－5）。

3. 三维动画最终视觉呈现形式依然是二维画面，所有空间体积均在最终形态中压缩为像素画面。传统艺术领域的造型规律依然对三维动画的创造结果有着指导作用。三维动画的现实依据，既包括视觉感官方面，也包括实现原理方面，实现过程与实现结果存在着必然联系。在创作中，直接的视觉体验与感受需要进行原理的分析与诠释，科学认知的介入使得创作过程呈现明显的理性倾向。认知维度的推进作用在三维动画的创作中更为明显，对于“合理性”“原理性”的解析更多地出现在三维动画的整个创作流程中，影响着各个环节的内容，与风格的形成产生密切的联系。

4. 三维动画的技术应用痕迹会体现在视觉风格中，使得视觉感受与思维理性呈现交融混合的状态。技术痕迹本身作为视觉特征可以形成特定的视觉风格，由于计算机工具功能的多样性促使其技术痕迹的呈现形式较为繁复，规律性更多地存在于不可见的程序计算部分，故较易造成观者的错觉，放大可见的技术风格概括和定义视觉风格。在三维动画的早期发展中，随着技术在造型表现方面的便利，数字媒介易于复制、传播的特点，放大了数字艺术工具化特性。涌现出一大批技术演示性质的作品，以计算机图形构成原理为视觉特征，光洁完美的表面呈现塑料或金属的质感；强烈的光照作用于复杂的构造上生成绚丽的光影；物象表面拓扑结构线可见所实现的丰富画面元素构成等视效。这些特征在一个阶段内给予观者强烈的视觉刺激，技术痕迹作为某种视觉奇观被刻意地进行夸大与滥用，但在最初的新奇消退之后，技术应用与审美需求重新结合，寻找视知觉的平衡。

5. 计算机图形技术的特性与优势的发挥需要结合创作者主观意识的控制，适度中和计算机美术中精确、规律、原理等理性偏向和机械感。通过人为生成误差、随机、模糊所产生的生动感与质感减少“技术化”所导致的生硬味道。随着创作工具易用性的加强，三维动画在社会生活的应用领域将进一步扩展。使用技术实现去技术化的功能特征成为现阶段主流的共性技术风格。技术风格与美术风格的统一则标志着三维动画风格的成熟。

6. 基于空间维度与时间维度上的压缩和延展变化，三维动画的视觉风格完全可以突破现阶段的既定样式，最大限度地实现对已有美术视觉风格的继承与再现，并在创作效率上实现突破。计算机三维技术为此拓展与创新过程提供全面的支持，产生新的感官体验甚至颠覆已有的视觉经验；主观意识与客观技术的结合为创作过程带来更多的可能性；意识对技术的操控会形成多变的视觉样式；技术对意图的实现则保证创作的效率与品质的恒定。

7. 美术风格、表演风格、技术风格三者联系密切，构成三维动画前期流程的整体风格。美术风格决定形象的静态表现力；表演风格确立角色在运动状态下的性格塑造。虽然创作前期的任务重点并非完整实现表演内容，但是前期美术风格会要求表演风格与之相协调。静态风格写实或概括决定了角色动态表现的设计原则。表演风格的界定决定运动技术的路线，进而制定适合的技术流程。

8. 在三维动画创作中，写实与概括对于风格界定的作用通过渲染环节实现。目前的渲染技术以真实感性区别进行分类。通常将以模拟真实物象为基本特征的渲染方式称为真实感渲染（Photorealistic Rendering）；将模拟各种视觉艺术的绘制风格称为非真实感渲染（Non Photorealistic Rendering）。这两种不同的渲染方式是作品风格写实或概括倾向在技术层面的根本区别（见图5-6）。项目确立后，最初的前期工作就需要确认项目的视觉风格，其中就包括对于真实感渲染或非真实感渲染方式的选择，这将决定后续所有与视觉

图5-6 三维图像呈现的不同风格（作者原创）

相关的审美倾向、工作内容与技术路线。

写实与概括是起点与终点的关系，既存在一定的对比又有必然的联系。在两者的界定中必须强调“阈值”（threshold）的概念。“阈”指界限，阈值又叫临界值或值域，是指一个效应能够产生的最低值或最高值，用以确定图像细节或关系的保留与舍弃。这一概念在传统美术领域被广泛应用于对真实世界的主观判断思维与再现。绘画中线条的应用就是典型的对物象轮廓进行阈值概括化的结果。模拟诸如水墨风格、剪纸风格、素描风格等绘画风格的三维动画作品，其基本方法均遵循轮廓查找与生成、表面影调极化、轮廓内填充丰富、局部随机纠正等环节的技术路线。创造物最终的视觉风格呈现，取决于创作者对于三维建造结构细节与表面质感层次的理解深度。写实与概括并存，两者相互验证、相互作用，并在此基础上控制空间构成维度的视觉转换与技术实现。

第二节　中期制作中的维度控制

一、造型立体感的强化与削弱

三维动画中造型立体感在创建对象的同时即客观存在。在制作过程中，由于整体创作风格或镜头设计的变化，需要创作者对于造型的立体感进行主观控制，通过技术或美学手段进行必要的强化与削弱，以达到所需的视觉表现力。此类处理方式广泛应用于三维动画创作的各类风格，包括前文所提及的真实感渲染与非真实感渲染技术所产生的不同画面风格。现阶段三维动画技术在风格多元化表现方面的优势与劣势同样明显。其技术优势仍然在于提升效率、实现更精确和高效的把控、创作资产的累积与共享、将传统绘画艺术的效果通过技术流程转化实现帧画面的批量制作；其劣势在于过于依赖真实视觉及物理规则、用技术诠释艺术、以规律概括变化，主观自由创作会受到客观原理及技术等因素的限制，难免会出现僵硬与单调的表象。现有的三维动画技术在表现非真实感艺术风格方面尚有极大的提升空间，目前虽可实现大多数的绘画风格效果，但需经过较为繁复的技术转化与环节配合，对于创作者以及团队的艺术与技术素质有很高的要求。随着技术的进步与发展，这一问题将逐步得到完善与解决。

1. 光影与透视，基于对象空间结构基础上的效果强化。光影作为重要的画面构成要素与造型手法，对于造型的作用首先是照亮场景，实现画面元素的可见；其次是美化画面，建立画面的影调结构，调整画面关系并完善构图。三维动画中的光影表现原理完全来自真实世界的光学理论，并从摄影及影视等相关艺术学科中继承了完善的理论体系与实践体系。三维世界中的灯光控制与真实灯光参数标准完全对应，三维场景中灯光的设置原则与摄影相同：明确主题，强化主体，简化画面。光照设置技巧同样遵循摄影用光的六大基本要素：光度、光位、光质、光型、光比、光色。相同造型在不同的光照环境下呈现迥异的外观，如顺光下消除阴影、弱化结构、强调纹理；侧光强调对比、分布阴影、表现肌理；逆光凸显轮廓、模糊细节、体现质感。通过自由地操控光影，根据创作需要呈现丰富效果。

2. 真实感画面在造型立体感的表现上以尽可能符合真实的视觉体验与视觉经验为目的。真实视觉成像原理会受到诸多因素的影响，产生维度的认知误差。如大气环境对于距离与层次的影响、光环境变化对于物象结构与轮廓的强调、表面材质特性所导致的视错觉。随着全局光渲染技术的发展与广泛应用，三维场景中光线的反射与折射等辐射传递效果得到极大的强化，更加接近真实光照效果。值得一提的是，在艺术创作中，对于“真实”的理解是相对的、主观的、附加情绪的。画面的表现目的决定各构成部分的视觉地位，一味地强调客观参数与绝对真实的视觉效果往往容易导致画面结构的松散与平庸。在调整画面重点的过程中，微小的画面变化都会与形体结构的呈现面貌产生关联，进行合理的结构立体感强化与削弱是必要的画面控制手段。

3. 造型立体感的强化包括模型造型的结构强化、体块表现的对比强化、光影造型的边界强化等手法。立体感强化多以真实感渲染技术为依托，目的在于模拟真实世界，加强与真实世界物象的原理联系，营造出精确可信的视觉效果，常见于写实风格的三维动画创作，尤其在 VFX 的三维动画参与部分。基于创作内容与实际拍摄素材的结合需求以及4K 以上分辨率的技术指标，对于真实感提出了极高的要求。立体感的削弱则包括去除光影、强化轮廓、减弱透视、概括细节等手法。在艺术化风格类的三维动画作品中必须进行造型语言的概括与提炼，研究艺术特点与观众感知，分析并实现创作介质及工具材料的特性模拟，通过压缩维度实现去真实化的视觉效果（见图5–7）。

4. 非真实感画面更多是对已有绘画风格的模拟与再现，丰富的艺术表现

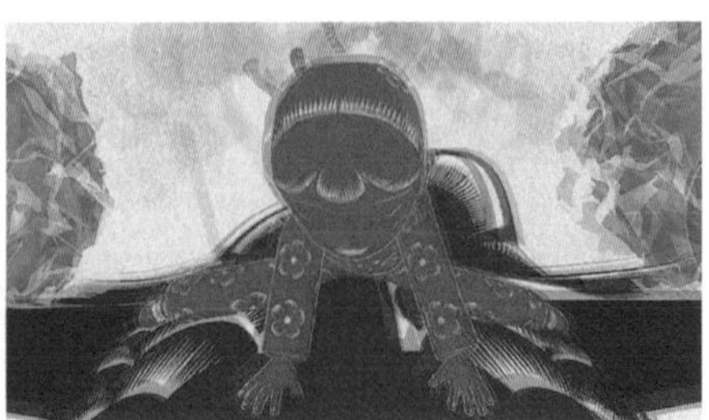

图5–7　三维模拟剪纸风格动画短片（作者原创）

效果则要求三维造型呈现与之相适配的外观特征。打破严格意义上的空间造型规则，通过技法与技巧为空间感与立体感赋予较大的可控性，向结果人为施加随机误差。绘画对于客观世界的表达基于非精确的再现，无数次误差迭代构成与真实世界的相似性结果，在客观存在的基石上添加可感知的人文气息，生动性与艺术风格也随之产生。由于绘画艺术的空间二维特性，三维实现非真实感画面的重点技术核心就是在消除三维造型的立体感方面实现精确可控，将“合理”的造型信息转换为“合情”的视觉语言。

5. 三维动画实现二维效果需通过几个环节实现，通常包括：渲染器设置、材质调节、纹理贴图模拟、模型调整、摄像机参数控制，多个技术环节共同作用以实现最终的画面效果。其技术流程原理为模型的形状识别、轮廓绘制、局部着色、明暗处理，目的在于强调物体外观的完整性与视觉风格的统一与协调。常用的处理手法包括将物体表面由光线所产生的过渡效果概括为色阶；将光影提炼为点线构成的影调；由深度图与法线图生成检测轮廓线；由不同尺寸模型嵌套所产生的轮廓填充等丰富效果。

6. 风格化轮廓线的检测与生成、笔触间相互作用的变化、动画帧间连续性的维持是非真实感渲染需要解决的重点问题。轮廓线的生成包括外部轮廓线及内部结构线，静态三维图像目前已有较好的解决方案，可实现较为准确的线条勾勒效果和富有变化的线条形态。但是在动态效果中，由于产生线条的模型与视点位置的变换，外部轮廓与内部结构线会产生转换，线型也会随之变化，容易出现线条的跳动与消失。在风格化的轮廓生成方面尚需加强对已有美术风格作品的数据统计以及规律分析，形成更为系统和准确的技术解决方案。对于绘画在笔触的模拟表现方面，目前较多采取通过着色和渲染将明暗色彩变化转换为半色调的影调，抑或采用纹理贴图的方式呈现。动画帧间连续性是指序列帧在连续播放时，画面各部分元素的变化是否流畅，艺术化的风格表现在此问题上较易出现像素的跳动与闪烁问题，其原因在于构成画面填充的笔触与线条随机性过强，绘画对象复杂度过高。此类问题并非仅存在于三维艺术化风格的动画作品中，在二维动画作品中表现得更为明显，在商业动画中这类闪烁与跳动是不被接受和允许的，但在实验动画及独立动画中，动画帧间连续性的间断与闪烁现象往往被当作某种动态的视觉风格。

7. 用于二维渲染的模型与用于三维渲染的模型造型重点有所区别。用于二维渲染的模型对于光影所产生的过渡细节进行概括处理，对于轮廓及明暗交界线的形状连续性有更高的要求，在模型制作中需要对表面结构进行更为精细的推敲与取舍。轮廓剪影的特征对艺术风格特征的还原起到重要的作用，需注意各个角度造型轮廓的变化与叠加的完整性。依靠局部轮廓体现艺术风格特征，整体轮廓表现形象设计特点，部分修饰线需要进行特别的处理与指定。

8. 三维技术虚拟摄像机避免了真实摄像机镜头常见的光学透镜畸变，但依然存在被摄物体的透视变形。广角或长焦镜头的参数设置对于画面中物体的透视立体感有较为明显的影响，常见基于焦点透视原理进行的特殊镜头画面设计。在帧连贯运动画面中，即使完全排除光影对于物体的作用，连续焦点透视依然会产生可感知的立体感，这一特征对三维模拟基于散点透视的艺术类型时会产生不协调的冲突感，需要在原有艺术门类理论的指导下进行深入理解后的技术处理，如中国山水画的“三远论”等。在部分情况下，可结合空间扭曲类功能对于一定范围内的立体造型进行扁平化处理，以消除透视变形并保留正常的动画效果。

我们对于世界的认知是有限的，好奇心与想象力却是无限的。技术与艺术的关系是我们在现阶段急于探讨与研究的热点问题，也恰恰是没有标准答案的问题。技术受限于客观的束缚，艺术则超脱真实的表象；技术定义标准，而艺术无法以标准限定；技术追求最短距离的表达，艺术试图实现最美路径的呈现，恰似直线与曲线的区别。不可否认，艺术与技术在一定的历史阶段会实现相互的转化与促进，但这两者永远保持着既对立又相互依存的暧昧关系，吸引着创作者为之努力，就像数学中的双曲线与数轴，无限接近却永远无法真正地相遇。承认两者的共存与相互敬畏，不因无知而诋毁或轻视是我们应该做到的认知态度的底线。

二、场景空间感的缩放与变换

场景是指在画面中除角色与道具之外的所有画面构成元素，包括但不仅限于天空、地面、植被、建筑、光照、雨雪等。空间感包括画面可视的直接营造空间和通过画面感知所延展出的想象空间。空间感的营造是场景表现的重要目的，艺术作品作为创作者主观意识的表达，其形态物化后的现实空间与内部虚拟空间表现是客观存在的。具象形态的有限性与抽象形态的无限性赋予空间感在作品中的美学意义，空间形态近乎无限的变化使得空间感的存在呈现出具象与抽象的双重属性。

1. 画面的构图、线条趋向、光影、色调等因素均服务于空间感的营造。最直接作用于画面空间感表现的手法即透视。透视是在平面上再现空间感和立体感的方法，以基于现实客观的观察方式，实现在二维平面上利用线与面趋向会合的视错觉原理刻画三维物体的艺术表现手法，包括纵透视、斜透视、重叠、近大远小、空气透视及色彩透视等内容。自14世纪文艺复兴开始，艺术家将数学与几何学运用于艺术创作，进行合乎科学规律的再现物体空间位置的研究。透视学在绘画中起到的作用即以科学的方法指导空间维度压缩至平面维度时的准确性。

2. 视觉对于物体的辨识包括形状、色彩、体积三个属性，因空间距离的不同所对应的透视现象为缩小、变色、模糊。三维场景的空间客观性保证了透视原则呈现结果中形状与体积的精确性，提供了色彩控制的灵活性。在绘画中需要进行精确计算或依靠丰富经验解决的透视问题在三维场景中成为最基本的功能现象，依靠物体位置定义与摄像机参数控制即可实现，其场景空间关系是客观存在的，从根本上实现了创作者对于画面位置关系控制的创作自由。在空间关系上明确了科学与艺术的界限与各自具备的优势。

3. 在三维场景中，通过不同距离的元素体量调节界定空间感与画面构图的关系。各组成部分有真实的空间构成及位置定义，可在此基础上进行人为主观的调节与变化以实现空间感的强化。图形元素的尺寸缩放可带来Z轴深度变化的视觉感受，暗示空间感深度与层级。在实际制作中可进行适度的空间位置调节，在色彩、明暗等综合因素的影响下维持视觉上的平衡，人为加大或减小空间中各物体之间的距离或体量对比，配合视觉错觉维持正确的画面透视关系。

4. 动画场景的空间具有延展性，三维场景的尺寸不受实际空间尺寸限制，在实际的创作中，单独场景取决于场景单位的设置以及硬件处理能力的上限，仍有一定的极限。综合场景合并以及镜头设计等手法，理论上可实现创作空间的无限扩展。这一特性本身即符合摄像机镜头取景范围与真实世界空间的关系——提取与界定局部。摄像机取景框决定画面边界，将画面内容由整体场景中提取并强调，借由摄像机运动与镜头组接实现画内与画外内容的直接或间接联系，确定内外空间的完整性与客观性；借由时间维度的变化、感知维度的综合体验赋予作品画外空间的延展，依靠声音、视觉导引等手法实现虽不可见但可感知的画外空间信息传达。同时，三维对象细节表现不受图像分辨率限制，突破了二维画面的绘制技术局限性，镜头运动可从宏观至微观进行大跨度的表现，空间感可实现无限扩展。

5. 三维动画美术风格从很大程度上决定了对场景空间感维度缩放以及变换的技术方向。通常在侧重于写实的动画风格中，需要进行空间感的拉伸，强化空间关系与纵深感的营造，在制作流程中，空间感的拉伸与压缩同时存在，将场景中层次丰富的各物体元素分组，并加大组间距，提升整体层次的空间距离，可有效地强化空间认知的清晰与明确。三维场景空间层次的概括化处理也可以在后期合成中进行：在创作流程中依照空间纵深距离进行图像分层输出，将部分效果调节转换至后期特效环节处理，以提高制作效率及降低渲染成本；将空间中物体距离信息概括转化为 Z 通道图像输出，用于后续环节对于空间感的增效调节。此类方法原理广泛地应用于三维制作及后期特效处理的环节中。

6. 非真实感渲染三维动画中部分美术风格倾向于平面图形语言表达，要求在创作结果中强调物体元素间的层次关系，减弱或去除透视关系、弱化纵深感以达到压缩空间感的目的。如在剪纸、皮影等美术类型的动画创作中，三维技术的应用更倾向于动画技术特征所提供的操作便利性、流程可控性以及原美术风格载体的创作工具模拟，空间感的营造与控制应更多地参考原风格或相关艺术门类的处理方式（如与皮影相联系的戏剧艺术对于空间概念的虚拟与概括），并在此基础上尝试突破。三维技法的灵活运用更适合用于二维形式感的项目制作，在此类美术风格的表现上有很强的模拟能力与拓展能力。二维纹理附着于三维模型，由 IK 方式进行操控，突破了二维动画无法维持复杂图形的动画帧间连续性的技术局限；三维模型生成二维图形的手法避免了部分近距离镜头中位图纹理像素可见的问题。但是，原有二维平面艺术的造型语言通过三维手法的再创作与加工，势必会在原有基础上产生创新与变化。最显著的特征就是造型具有了空间维度变化的可能，其表演具备了

图5-8　大气效果对场景层次的作用（作者原创）

线性流畅运动的技术前提，呈现在观众面前的是具备传统艺术外观，但又突破观众既有认知经验的动态表现的新生事物。那么突破的意义究竟是扩展了传统艺术形式的表现力，还是颠覆了传统艺术表现的既有特征？这值得我们进行慎重的思考。

7. 场景中的构成元素并不仅限于具体的物体，空气、云雾、水等非固化形态也是构成画面空间感和层次感的要素。常作为场景空间填充作用于画面，通过遮盖、半透明遮挡等方式实现空间感的强调。三维世界中此类型效果通称为大气效果，指雾效、体积光效、物理天空等内容的虚拟仿真。大气效果对于空间感的调节与画面效果的营造有很好的增效作用（见图5-8），其原理可追溯至空气透视法及色彩透视法，由空气的散射所导致的远处物体轮廓模糊，由空气色彩过滤所导致的色彩灰淡且呈现空气颜色的倾向。雾效类大气效果对于画面物体起到梯级概括的作用，通过透明度衰减变化所产生的遮挡强化空间纵深层次；通过空气固有色的叠加实现连贯同类色协调画面色调；以区域方式设置的体积雾可实现画面虚实关系调整等作用；在动态画面中兼具实现可变负形分割、强化气氛、丰富画面内容等作用。

8. 已有的艺术理论与实践方法为三维动画空间概念的主客观联系提供重要的参考依据与判断标准。中国画关于场景空间感的理论与实践，值得我们仔细研究与理解，如多视点透视基于平面维度的对象观察，结合时间维度的画面并置，可在有限的画面内传达更多的信息量；虚拟高视点观察位置，拓展纵深距离，表现宽阔与辽远；借由山间云雾实现边界清晰轮廓柔和的遮挡，在不损失细节表现的基础上实现更为丰富且重点突出的层次关系；模拟远视距去除透视灭点，以轴侧表现替代焦点透视，忠实于客观正常比例，在遵循近大远小的透视规律的基础上加入主观比例调节与控制。

9. 场景是元素的集合，借由二维纹理与三维对象的多种结合关系，能够衍生出更为丰富的创作技巧。如前文所述，二维纹理可附着于三维模型上产生空间维度变化，实现与三维造型的结构适配。在创作中，针对三维对象有复杂而强大的三维创建编辑工具，可进行三维场景经由渲染生成图像画面，场景中的立体元素被压缩为二维图像，使用二维画面处理技法进行进一步的修改与完善。在创作过程中，二维图像绘制技法与三维造型技法相互配合，构成变化丰富的创作工具集合，依照创作风格的需求互相补充、互相完善。在创作流程中，创造的过程被精细化与条理化，实现资源的优化配置与资产的充分利用。平面图像工具、三维空间工具、动画时间工具等不同维度的创作工具在创作流程中得到统一，构成丰富的综合创作技法。

三、渲染方式的离线与实时

渲染是指三维场景信息转化为二维图像信息的过程（亦可用于计算机视频文件经编辑修改后生成最终文件的输出过程，此处针对三维信息的二维图像化范畴进行分析）。截至目前，通用的计算机显示设备依然以二维光栅化显示器为主。三维动画最终完成的作品结果，实际上是由颜色或灰度像素构成的矩阵。三维制作过程在真实世界虚拟空间内完成，通过实时的变换和操作实现多维度的创建、观察、编辑过程。从三维空间信息到点阵化光栅像素信息的转化过程即图像渲染。在三维动画的创作流程中，渲染是三维工作环节的最后一步，所有的前中期工作如模型、动画，都需经过此环节转换为二维图像，这一点决定了几乎所有的三维技术都与渲染有着密切的联系。渲染是三维计算机图形学的重要研究课题，自三维动画诞生之日起，对于渲染技术的研究从未停止。随着计算机图形生成能力的不断加强，表现内容越发复杂化与细致化，对于创造效果与生产效率的追求促使了渲染技术的飞速发展。

图像渲染必须在三维信息完备的基础上进行，构成画面的造型、色彩、动态等要素分别对应三维工作中的几何模型信息、材质纹理信息、动画信息等前期工作环节，依靠交互建模、三维扫描、纹理绘制、材质编辑、灯光布置、运动捕捉、动作调节、物理解算等技术手段实现。通过几何变换、投影变换、透视变换、视口剪裁等后台工序实现最终图像的生成。

渲染是画面品质与运算效率的平衡结果。渲染方式的选择由三维技术应用领域决定，不同的应用领域对于渲染结果的呈现面貌与呈现方式有各自的要求，要根据应用领域特性与技术特征进行综合考量，选择质量与效率相对平衡的最优化结果。目前，主流数字娱乐行业及科学演示领域可概括为展示及交互两种需求类型倾向，与此对应的三维动画的渲染方式分为离线渲染与实时渲染，两种不同的渲染方式共性在于都是以实现三维模拟真实或想象世界的画面生成为目的；区别在于对效率与质量的不同侧重以及控制权是否完全由创作者掌握。

离线渲染是三维动画早期产生并延续至今的渲染方式，主要应用于影视动画等领域。对于预先制作好的帧画面进行渲染，产生由设计者完全控制的画面内容与效果。离线渲染经过长时间的行业应用，发展较为成熟，技术目的重点是视觉效果与美学，制作过程服务于对高品质画面的需求，尽可能地提升模型细节、纹理尺寸、材质质感的表现，结合高级渲染器以实现照片级的画面质量。离线渲染方式实现高精度画面表现的代价就是渲染时间的增加，任何时期，离线渲染对于硬件资源的需求都是无止境的。几乎所有的大型渲染离线软件均强调在渲染速度上的突破与提升，但是大型电影及动画项目所需的高质量图像生成依然是艰巨的任务，在使用渲染农场（Render Farm）这样的计算机集群进行画面渲染的前提下，单帧画面所花费的时间仍然需要几十甚至上百小时。三维内容编辑与离线渲染之间存在单向的限制，任何对于画面三维构成内容的修改和调整都需要重新花费时间进行渲染。在经济性与便利性上有较大的限制，在硬件的投入与维护上也有较高的成本门槛。网络的发展为离线渲染的实现提供了新的解决方案，网络传输速度的提高使得联结不同地点的计算机闲置资源成为可能，萌生了专业云渲染平台，为个人用户提供强大、快捷、便利的渲染服务。

为降低渲染的时间成本，避免由失误导致的无效投入，预览渲染是有效的解决方式。离线渲染需要进行长时间运算，由于部分效果视图显示不可见，复杂动画亦会受制于计算机硬件效能限制，无法实现完整的浏览，在制作过程中有针对性地进行小尺寸画面预渲染或动态效果预览渲染，能够发现并及时排除大部分的错误，避免成本的虚耗。

实时渲染主要用于无预定脚本的视景仿真，例如飞行训练、3D 游戏和交互演示等领域。用户可以控制画面生成内容的变化，画面生成与控制变更同步实现，因此对于渲染速度有严格要求，每秒需完成30帧以上的画面渲染才可能实现基本流畅的视觉体验。实时渲染是显卡性能提升的产物。2002年，AGP 8X 在显卡接口上的引入成倍提升了显示数据传输带宽，显卡厂商发布3D 性能强大的 GPU 显示芯片，其中 NVIDIA 的 Geforce FX 采用 CineFX 架构，实现了对实时渲染的技术支持。与离线渲染不计代价的追求视觉表现相比，实时渲染更加注重交互性和实时性，侧重于现实世界模拟效果与数据整合的效率平衡。必须在各个技术层面进行尽可能的优化，以提高绘制速度，在尽可能真实地模拟现实世界的现象同时，维持足够流畅的连续帧画面的生成，实现操作者的沉浸体验。优化技术包括对直接视觉感受影响最大的模型、纹理、材质等环节进行简化处理，尽可能地减少模型多边形数量，采用法线贴图实现细节置换；通过 PBR 技术实现材质的真实物理属性模拟，控制纹理尺寸；在营造整体氛围的光照环境上使用光照信息数据模拟；在运动方式上采用可无缝循环与衔接的动作片段以降低系统负荷。

离线渲染与实时渲染各有优势与不足。从制作的角度来看：离线渲染由于完全由创作者控制结果，生成过程与展示过程分离，在制作过程中可以有计划地通过渲染元素与渲染分层的设置为后续工作预留空间，易于通过流程的任务分解提升最终画面效果。对于三维特效类制作有更好的稳定支持，但难以解决渲染速度问题。近年来 GPU 离线渲染技术的加强可从一定程度上提高渲染效率，但与实时渲染的生成速度仍有很大的差距。实时渲染则由于生成过程与展示过程同步，在通过流程分解处理问题方面较为困难，需要更快的图形处理速度与更完善的前期制作为实时控制提供支持。为了提高图形处理效率，必须在制作精度上进行妥协或采取额外的技术手段获取折中的结果。

渲染工具是综合多学科原理经过细致设计的软件程序，视觉、光学、美

图5-9　实时渲染软件 Keyshot 渲染效果（作者原创）

学、数学、计算机图形学等学科理论共同构成了渲染工具的理论基础。目前的离线渲染软件利用 CPU（中央处理器，Central Processing Unit）与 GPU 的共同技术优势，力求实现成本平衡与高效的协作。CPU 由专为串行任务而优化的几个核心组成，适于进行复杂运算；GPU 是由多核心组成的大规模并行架构，更适合进行处理重复并行特定数据。GPU 凭借其高度的并行机制，极其快速的光栅化部件，提供给用户更为高效与廉价的渲染解决方案。较为著名的离线渲染软件有 Vray、Final Render、Mental Ray、Brazil、Maxwell、Arnold 等；目前可用的 GPU 渲染器有 Redshift、Blender Cycles、Octane Render、Indigo Renderer、LuxRender 等；实时渲染软件（包括游戏引擎）有 Keyshot、Enscape、Corona Renderer、V-Ray RT、Unity、Cryengine、Unreal Engine 等。（见图5-9）

图像创作对于渲染的需求不断提高，新算法与硬件架构的研发与应用突破传统技术流程的限制，从技术底层促进图形渲染领域的进步。渲染技术作为三维图形学的研究重点之一，尚存巨大的发展潜力，提高运算速度和增强可编程性的自由度是用于渲染的图形处理器的必然发展趋势。每一次技术的创新都会带来翻天覆地的变化，NVDIA 公司于2018年推出的20系 Turing 架构 RTX 系列显卡是具有历史意义的革命性产品，加入了诸多新特性，如支持高速实时光线追踪算法（Ray Tracing）、深度学习超级采样（DLSS）、基于传统光栅化渲染管线优化的多项新特性：Mesh Shading、Variable Rat Shading（VTS）、

Texture Space Shading（TSS）、Multi-View Rendering（MVR）。以上新技术的推广，必将带来革命性的新渲染管线及工作方式的变化，开启渲染画质以及内容生产的新时代。

四、创作过程中的确定与随机

三维动画是计算机图形技术与艺术结合的产物。两者的关系辩证统一，在发挥各自优势共同创造的同时又存在着矛盾，基于感知维度与文化维度之间的差异，视觉艺术的创造具有随机性特征，真实世界无时不在发生着变化，艺术创作是对现实再创造的过程。一方面，遵循视觉和美学规律的指导作用，以经验和判断影响观众的视觉，消除不可控因素所引发的错误或视觉不适；另一方面，通过主观感受与情感的介入提升作品的感染力。确定的规律和随机的变化共同作用于作品的创作过程。

1. 确定的参照体系与随机的个体变化。真实世界是规则与无序并存的，现实世界中不存在完全的统一与相同，即使是依靠生物克隆技术得到的结果，也会随着外界环境的变化呈现个体差异。作品是反映创作者意识与愿望的承载介质，存在着个体差异与随机变化。传统艺术的创作方式、工具、载体与真实世界存在物质联系，作品会自然地继承上述差异与变化。在数字艺术领域，传统艺术创作工具被计算机工具与程序替代，载体由材料转化为数据。数字艺术在实现艺术创作高效化、艺术形式多样化、媒体传播广泛化的同时，在创作工具层面实现了规范化与标准化，在媒介层面则实现了同质化与虚拟化。我们在享受数字化技术所带来的便利与迅捷的同时，不得不面对信息泛滥所引发的相似和单调，作为数字艺术的分支，三维动画在通过技术加强了模拟真实世界能力的同时，技术规则的共性也导致了作品元素的单一化、重复化的问题。

2. 技术工具的确定性与创作技巧的随机性。技术的研究需要对物象经过认知分析得出清晰明确的答案，技术流程则在此基础上进一步加强整体与局部的执行规范性。计算机图形工具的本质是程序，程序的理性架构将创作过程置于工程化的环境之中，在维持规则的前提下进行作品的创作，艺术创作在这样的环境中容易形成僵化的套路。工具自身的复杂性限制了创作者对工具的自由控制，在创作中会相互矛盾与抵消。工具越高级和复杂，越容易使创作者陷入技术奇观化所带来的创作快感，思维自由受到工具限制。反之，越是简单的工具，越容易在被创作者操控的过程中呈现富于变化的随机效果，更加契合艺术创作主观与客观交融的审美意象。在技术工具内部体系中，也存在相似的原理及现象。底层技术工具初级而原始，但更接近技术基础原理，能够给予操作者较大的控制自主性与自由度。多工具命令的组合与叠加可以实现更为丰富的变化与调整空间，高级工具命令则具有更好的执行效率、更高的集成度、更自动化的操作体验，但需要规范的操作流程维持。计算机作为人类历史上迄今为止最为复杂的工具，在创意设计领域，其技术的发展与使用必须结合创作者的认知、判断与技巧才能发挥最大化的优势。

3. 创作目的的确定性与创作过程的随机性。由前期创作环节所确定的创作目标，在三维制作阶段会呈现由具象化所引发的随机变化。现实世界中“时间的痕迹”无处不在，灰尘、磨损、污渍、陈旧、混乱、无序等经过长时间生活所产生的细节更能蕴含故事与想象。现实中材料与工艺所导致的物体外观也存在着极为细腻的变化，现实工艺和材料所呈现的外观特征是物体外形的重要构成要素。而三维创作的技术特性善于用规范化概括与掩饰不完美的细节，作品较易呈现精致、光洁、对称、统一的秩序美感倾向。创作者在构建三维对象时，注意力容易更多地放在体现造型主观设计的部分，忽视客观存在的材料工艺外观细节的表现。三维作品中随处可见的精致边角、笔直线条、完美无瑕的表面等特征恰恰是现实世界中不可能存在的现象。对于这些细节问题的忽略和脱离实际的概念化处理方式，会导致在造型与质感的表现上出现“形似神非”的问题。创作者应该对表现对象的“感觉真实”予以足够的重视，加强对生活的观察、理解、尝试，并在此基础上进行归纳与表现。

4. 客观规律的确定性与主观控制的随机性。三维动画的应用领域广泛，与之相结合的知识体系庞杂，很多相关学科的专业内容都可直接作用或参与三维动画的技术体系的构建。三维动画虚拟真实的属性决定了其技术外延与表现内涵的现实来源。在创作中，部分动态效果需要根据真实世界的物理学特性进行计算，如刚体运动、柔体运动、布料解算、毛发解算、流体力学等内容，其计算过程较为烦琐，通常需要根据参与计算对象的真实物理参数进行设置后由计算机进行运算得出最终结果，包括如密度、质量、重力、阻尼、表面张力、空气阻力等参数。上述的模拟类别，均为在整体效果上呈现符合科学规律的外在表现或运动状态，内部细节亦呈现丰富的随机变化效果，其过程就是根据既定创作目的，基于物理规律进行模拟，得到随机结果的典型范例。与科学仿真计算不同的是：三维动画创作中的模拟仿真解算结果服务于艺术创作，完全真实的模拟结果往往达不到创作表现的需求，通常需要进行主观的夸张处理与取舍。提取最具特征性与代表性的数据，舍弃模糊混淆的视觉信息，以获取更为强烈的视觉表现力。以客观规律为基础，得到真实可信的视觉再现，在此基础上的艺术创作则围绕创作目的强化视觉表现。

5. 群体对象的确定性与个体对象的随机性。计算机图形艺术的无限复制特性在三维动画创作流程内部的作用极为常见，如同类物体的批量复制或克隆，广泛应用于树林、草地、建筑构件等内容的制作以及对称结构的镜像复制。需注意操作对象相同性与相似性的区别处理，避免出现千篇一律的个体简单克隆。通常会对于被克隆对象进行微调，以相似性原则进行多对象的随机分布。对称结构的镜像复制广泛应用于前期制作，提供准确的镜像结构以及同步编辑变化，在调整阶段同样需要进行一定的非对称操作以避免机械生硬的几何镜像。尤其是在角色表情的制作过程中，随机微表情的调节可以有效提升表演的生动性。三维动画创作资产，如模型、贴图、材质、灯光、特效、素材均可进行重复利用及共享，可极大程度地提升创作效率并节约成本，需要注意部分常用资产在不同项目中的使用需结合项目风格进行选择及再编辑。

6. 由确定元素构成的随机模糊形态。三维粒子系统是在计算机中用于模拟特定模糊景物及现象的数字工具，包括爆炸、火焰、雨雪、灰尘等无法用具体形状及尺寸精确描述的现象，也常用于物理结算模拟效果的补充。通常是由大量重复简单对象所构成的群体，单个粒子的几何造型较为简单，多为简单多面性或独立的面，渲染后呈现方式为单像素或少量像素（见图5-10）。

粒子系统的构成特性为：（1）群体性：由大量可见元素构成，同一群体中的独立元素均具有相同的表现规律。（2）随机性：元素个体在遵循整体规律的同时会呈现出不同个性特征。粒子系统是三维软件中的重要功能模块，主流三维动画软件均具备粒子创建与编辑的功能模块，并有为数众多的粒子

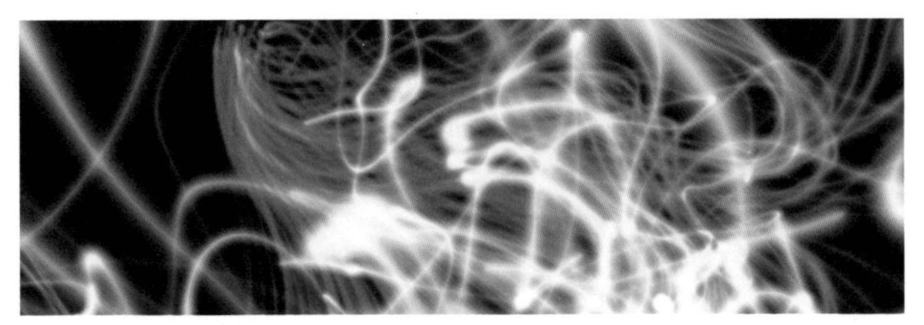

图5－10　三维粒子系统产生的丰富光效（作者原创）

插件进行功能辅助增强。粒子系统由发射器定义在三维空间的位置及运动，由一系列的粒子行为参数进行控制，包括时间、数量、位置、方向、角度、寿命、颜色、尺寸、外观及事件判定等参数类别；绝大多数参数均可进行动画状态的设置与调整，多使用范围值而非绝对值进行定义，或以中心数值结合随机变量进行叠加控制。粒子系统的创建与编辑过程在三维空间中进行，由于粒子工具所产生的对象数量巨大，动态效果的调节过程又必须进行实时显示，对于硬件资源有较高要求，普遍会采用优化的显示方式。完成制作后需进行渲染得到图像结果，显示与最终渲染结果之间会存在差异现象。

五、动画角色的表演与操控

角色是指戏剧或电影中由演员扮演的剧中人物。基于动画的假定性特征，动画角色的界定十分宽泛，除了人类角色外，也可以是非人类的动物甚至道具。动画的英文单词“animation”的拉丁文字根“anima”，意为“灵魂”。动画的拟人化特征可以将人类的情感、性格、情绪赋予原本没有生命的物象，使其成为动画角色。三维动画的视觉真实感特性模糊了传统动画与电影的边界。这一特性也造成了三维动画的角色表演与传统动画和真人表演之间的复杂联系。动画表演是在写实的认知经验基础上进行表意的夸张。

1. 三维动画的角色继承了传统动画角色的假定性特征，并具备三维技术的拟真优势，在角色塑造的种类上更为丰富。除了真实世界中具有明确形体特征的物象之外，无明确外观的自然现象与自然景观也可作为动画角色进行表演，如皮克斯动画工作室就很善于创作超越常规的动画角色：2009年短片

《暴力云与送子鹤》(*Partly Cloudy*)中云朵的角色化处理；2015年短片《熔岩》(*Lava*)，将火山拟人化作为影片的主要角色。甚至宏观、微观、抽象的内容均可作为动画表演的载体。如2015年电影《头脑特工队》将人的抽象情绪进行具象化的设计，再使用粒子构成的方式强调其抽象化的本质。

2.空间维度与时间维度共同构成了三维动画不可分割的本质属性。动画角色的表演与镜头设计在空间维度中确立，在时间维度中进行。三维动画角色的表演在一定的时间段发生及展现，具备时间维度的线性属性，在速度上又更富于变化。动画表演的夸张性不仅在于造型上的夸张，更体现于动作节奏的变化，往往呈现为停顿时间的拉长与动态时间的突变。在传统二维动画中，时间的压缩与延展效果的实现需要动画师具备丰富的实践经验，通过逐帧绘制完成。三维动画创作工具提供更为直观和便捷的操作反馈，便于从原理上理解运动中空间与时间的相互关系(如图5-11)。但由于角色的创建在三维世界中完成，其呈现效果与创造过程具备空间维度特性，在动态表现方面会受到客观规律的更多制约。

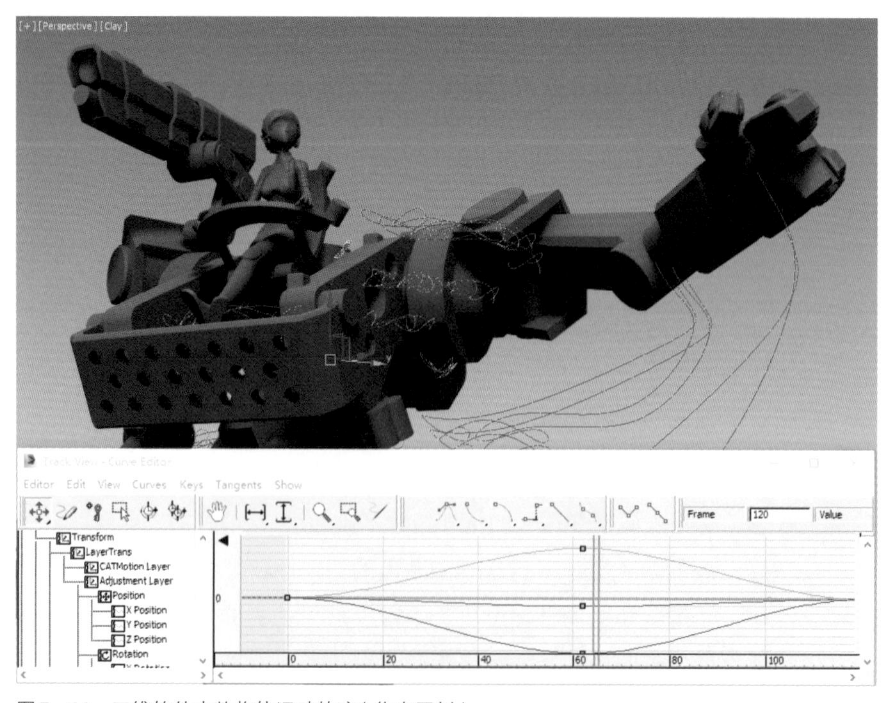

图5-11　三维软件中的物体运动轨迹(作者原创)

3. 动画表演的内在属性体现在表演与叙事的关系：从文字信息到可视化信息的转化。在剧本规定的情节下，通过角色的特定行为体现剧情，完成叙事。表演与造型的关系：从静态造型向动态造型的转化。静态的动画角色依靠美术风格进行塑造与表现；动态的角色表演则通过行为、神态的夸张进行角色的塑造，从更为立体的层面体现角色个性。创作者需要对虚拟角色进行深入的理解和分析，在准确表现动作的基础上，充分体会故事赋予角色的内在特征，将自己带入角色的既定情境，结合自身体会与理解，充分“入戏”。因此，动画师自身对于角色性格的认知、对表演的理解将决定动画角色的表演方式和表演内容。

4. 动画表演的外在形式以现实为依据。符合基本物质世界规律以维持与观众认知经验的联系，动画师通常会以真人演员的表演为参考进行动作的设计。通过造型风格与运动规律体现动画艺术的审美情趣，运用简单、夸张的形体语言塑造对象。时间、空间和行为的虚拟性是动画表演充分发挥想象力和创造性的前提。动画表演在部分形式和方法上接近于戏剧表演的特性，但突破了舞台空间的限制，以更为张扬的极致化表达实现对于现实行为的夸张。

5. 在三维角色的表演过程中，躯干及肢体运动是通过骨骼运动带动模型表面顶点实现的。三维骨骼本身为不可变形的几何体，以主从关系构成相互链接，动作方式遵从运动学的基本理念和原则。表情通过顶点变形的记录方式实现；依靠形体拓扑构成状态的差异比对定义变形；角色的毛发与服装通过物理动画的模拟实现。需要定义符合客观规律的属性参数及外部环境条件。三维动画角色创造过程中复杂的技术环节最终会集成一套完整的控制系统，交由动画师进行动作的制作。在动画师接手动作制作之前，角色必须依赖技术的提供可动性的设置，在表演实现的过程中存在明确的技术阶段划分，与二维动画创作过程中技巧重于技术的特征形成鲜明的对比。

6. 拉伸与变形是在动画角色表演中常用的夸张手法。三维动画中角色肢体的拉伸与弹性效果的实现依靠骨骼变形控制，包括骨骼自身的缩放以及次级骨骼的相对运动方式，要求在角色装配与蒙皮阶段精密地预设。在很多项目中会使用虚拟肌肉系统来模拟真实的生物结构运动，但技术的写实倾向也从一定程度上削弱了传统动画夸张运动的张力。

7.动作捕捉技术对于三维动画角色表演的意义。动作捕捉技术可以被视为动画与电影技术的混合体，通过这一技术记录真人演员的动作，并将记录数据移植给虚拟角色进行表演。表演主体是虚拟角色，动作数据是通过拍摄记录的方式生成。动作捕捉技术与三维动画的结合极为密切，可以迅速让动画角色产生逼真的运动，动作的记录准确且高效，但是由于强调动作的逼真与细腻，无法实现动画的夸张变形效果，弱化了动画表演的夸张性。对于在动画中使用动作捕捉技术曾引起业内的争论。在皮克斯2007年的《美食总动员》一片中，专门强调100%纯动画，没有动作捕捉，成为宣传的重点之一。在2010年，美国电影学院（AMPAS）宣布动作捕捉电影将不再被认为有资格获得奥斯卡“最佳动画长片”奖，声明“动作捕捉本身不是一种动画技术”[1]。

动作不等于表演，三维动画角色表演中存在的一个很大的问题就是动作的精确，虚拟角色与真人演员相比，动作可以做到精确还原，表情可以做到精确还原，但情绪与思维之间的复杂联系却无法捕捉，想得而不可得。最好的虚拟角色表演的创作者是动画师，在日常行为方面也仅仅是尽可能做到与真人一般无二。但好演员却能够以自己的精确理解、生活底蕴与表演技巧对于日常的行为进行艺术化的提炼或强化，使生活感悟向艺术层面升华。

1 “Rules Approved for 83rd Academy Awards”, *AMPAS Press Release*, July 8, 2010, http://www.oscars.org/press/pressreleases/2010/20100708.html.

第三节　后期整合中的维度调整

一、后期合成的层体建立

后期合成环节是对于动画制作环节工作结果的整合，实现三维制作环节“体”到后期合成环节“层”的转换，其技术实质为实现三维空间造型构建技术与二维图像处理技术的互相转化，最大化这两种技术在效果和效率方面的优势，体现出空间和层级的交互关系，传达空间与时间的重构。通过三维技术所获得的图像在后期合成过程中作为图层元素，在美学的指导下进行符合视觉习惯的调整与修改，构成完整的最终画面。这一制作方式与传统二维动画流程中使用的赛璐珞分层创作方式有着相似的原理，在数字技术的加持下实现了表现力的突破。

后期合成层体关系的建立，可以理解为对三维空间的切片叠加，将三维空间对象以不同层次进行输出并对单独的图层进行艺术化处理。这一关系的建立，意味着以模拟现实为基础的三维制作，在最终输出前，依然会从技术层面进行人为的干预，呈现出艺术的假定性特征。在后期合成环节，完整画面可以依照场景构成的空间遮挡关系被细分为不同的图层进行单独的编辑与调整，在模拟现实的基础上加强创作者的主观理解的介入。单独的物象可以拆分成独立的视觉元素层进行精细化的调节，如固有色层、环境色层、高光层、反光层、反射层、折射层等，增强了创作者对图像最终表现的效果控制，也为三维制作元素与实拍素材的融合提供了更大的空间。通过深度通道的控制可以在画面中识别并再现原有场景的深度关系，进行景深、大气雾效等二次调节。创作者通过后期合成环节中的图层控制获取了对三维制作环节中空间体积内容的延展创作能力，以绘画的构成思维操纵图像的最终视觉表现，有意识地加强情绪情感的表述，满足观众对视听语言的质感需求。

三维动画本身所具有的维度操作和脱离素材创作的自由，在层级结构上拥有更多的美学突破空间。三维动画制作中空间和体积的拟真特征为影视作品新视觉样式的实现提供了便利，虚拟灯光系统与摄影机系统可以脱离现实环境的诸多控制，实现最大限度的设置自由，创造出作者电影或奇观电影的

图5－12 《骇客帝国》中的“子弹时间”镜头

高概念美学要求。三维动画前期的虚拟客观与后期合成细腻的主观操控相结合，为影视作品在“现实”“虚幻”之间的创作提供了精确的分寸把握。随着三维动画与后期合成的技术进步，对于影视作品的实拍手法也产生了深远的影响，突破了传统拍摄手法的限制，出现了很多经典的案例，如《骇客帝国》（*The Matrix*，1999）中创造的电影美学史上著名的“子弹时间”（Bullet time）摄影模拟变速特效技术，就是通过后期合成的思维方式，在实拍镜头中采用多摄像机机位阵列的方式，实现全景环绕镜头旋转，营造出全新的电影视觉空间（见图5－12）。

在三维动画可人工后期操控的虚拟空间中，可以重新定义影片后期对于电影中时间和空间的再次构造和理解。在表述多层空间和多层结构的创作中，三维镜头的设计和制作，具有天生的创作优势。比如摄影机运动直接深入角色的身体或空间，穿过有形的物体进入另一层叙事的空间。科幻电影

图5-13 《星际穿越》中的空间穿梭

图5-14 《蜘蛛侠：平行世界》中时空交汇

《星际穿越》(*Interstellar*，2014)中，摄影机通过三维空间内部的多次移动，构建出穿梭在黑洞内部的视觉奇观，重新构架出一个超过拍摄现实的多层次多空间场景结构(见图5-13)，使得观众获得了理念创新的视觉体验。2018年上映的动画电影《蜘蛛侠：平行世界》中，最突出的视觉体验在于平行世界中所有时空交汇和融合的影像段落。在该片段中，动画电影创新性地利用合成影片进行视觉色彩、造型设计、影像影调，特别是后期合成的整体风格调整。多种建模风格人物，拥有多重艺术风格和比例特征，模型和表演风格内容都不相同，这样就对后期合成的制作提出了较高的要求。在这段影像处理中，后期合成创作通过统一人物的材质质感、光线效果和高光反射体现的光源位置，使得二维风格的人物、黑白色彩构成人物模型、三维立体的现实质感模型，能够统一在抽象化、符号化的美学空间中(见图5-14)。后期合成平衡了多种模型之间比例和质感的程度区别，较好地调整了每个不同材质质感的折光率，光照效果和色彩氛围，使得整个段落充满了美国波普艺术的统一视觉特点，较好地统一了影片中跨时间纪元和美学纪元的审美特征。

二、视觉重点的组织调整

影像画面是综合了创作者审美意识、审美情感和审美经验的视觉形态化产物，是整合了构图、色彩、光影等视觉造型要素的有机整体。以上重点要素在一部作品的前期设计阶段就已经进行了深入的研究与设计，在中期制作阶段通过严格的流程管控予以贯彻执行。在作品进入后期合成阶段后，会对镜头的视觉重点进行最终的推敲与提炼，对动画的各元素进行精细的调整和优化，以达到最佳的视觉效果，确保画面的艺术表现力，使得观众的注意力集中在叙事与美学所要求的视觉中心。

在现阶段影像播放技术仍然以二维画面为主流载体的背景下，三维动画的最终放映形态依然受制于平面和框架的限制，传统造型艺术和影视艺术的美学原则仍适用于三维动画作品的画面创作，包括以下几个方面。

1. 镜头调整：根据动画的剧情和镜头设置，对镜头进行调整，包括镜头的位置、角度和移动路径等。这有助于营造出不同的视觉效果和氛围。

2. 场景整合：将之前制作的场景元素进行整合，确保它们之间的空间关系和比例关系正确。这需要对场景进行精细的调整和优化，以达到最佳的视觉效果。

3. 特效整合：将之前制作的特效元素进行整合，包括粒子效果、烟雾、火焰等，需要根据特效的类型和效果进行调整和优化，以达到最佳的视觉效果。

4. 灯光和阴影调整：对灯光和阴影进行调整，包括灯光颜色、亮度、方向和阴影的密度、颜色等，有助于营造出更加逼真的场景氛围和角色形象。

5. 色彩校正：根据动画的整体风格和主题对镜头画面的色彩进行校正，包括调整颜色、亮度和对比度等属性，以使动画的色彩更加鲜明、细腻、丰富和感性。

在影像作品中，画面并非独立的静止图像，而是蒙太奇结构的组成元素。影像构图的运动特征决定了在处理动态画面构图时，除了要遵循传统造型艺术构图的基本原则，还需要通过运动画面的连续变化实现视觉重点的引导。在三维动画的后期合成环节中，需要进行画面构图的精确调整、景别与景深变化、画面影调色彩的强化。运用合成变焦调整景深变化，通过虚实处理强化画面构图黄金分割比例关系，调整动态画面的空间比例和时间比例，更好地突出导演所需要的视觉叙事中心。如《神探夏洛克》中，通过将影片叙事中心的关键道具毒药药瓶放置在黄金比例视觉中心，同时虚化背景内容，强调影片的关键信息，更好地传达导演叙事的视觉意图（见图5–15）。

通过富有形式感的影调调整构图关系，引导色彩的造型作用，增强画面韵味，表达主题与思想感情。作品整体色调设计让画面呈现明确的色彩倾向，增强画面的视觉印象和情感寓意。运用不同色调作为叙事符号，塑造画面时空、营造情感氛围，在剧情发展中起到表意的作用，凸显画面视觉重点。如《银翼杀手》（见图5–16）中运用色彩营造不同的影像视觉氛围，通过后期调整突出的光线效果达到逐步揭示相关的真相和对人性的探讨，透露和

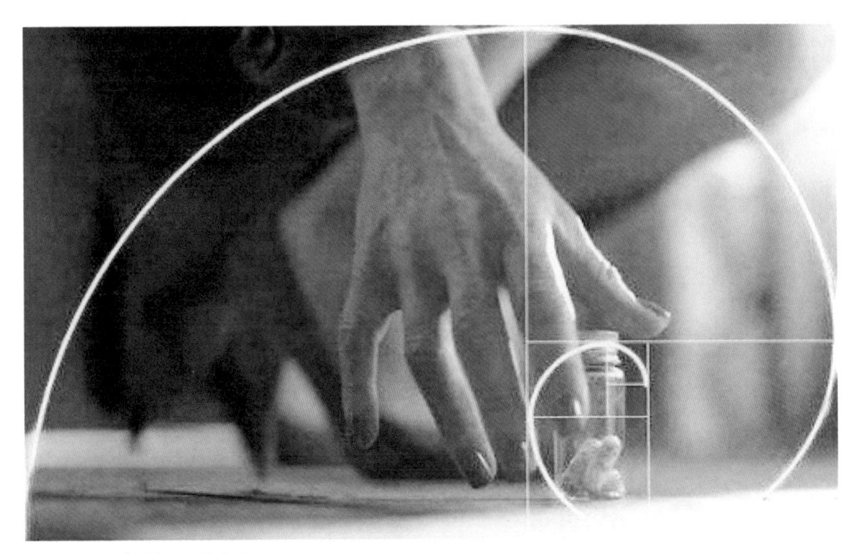
图5-15 《神探夏洛克》

图5-16 《银翼杀手》

隐喻出复杂的哲学美学韵味。导演在后期合成阶段对视觉重点进行了特别的设计，刻意经营了光效在画面中的重要作用，画面背景中象征希望的黄色光线的出现，是影片中对于人性和真相的隐喻。

三、镜头剪辑的时空变化

三维动画具备了“视觉真实感”特征，在视觉形象的塑造方面与绘画和电影艺术相区别，但在影像叙事方式上则完全遵循了电影艺术的规律与方法，通过画面与声音、空间与时间相结合的手段塑造视听形象。

巴赞在《电影是什么》的著作中，提出电影不是对客观时间和空间的完全反映，而是有意识、有计划地构造出单独的美学空间，是对真实世界进行符号化的重新投射。鲍德里亚在《拟象的进程》中阐述：“拟像物从来就不遮盖真实，相反倒是真实掩盖了‘从来就没有什么真实’这一事实。”[1]影视作品中的时空是现实时空的再现，但并非完整地记录现实中的所有过程，其时空关系根据剧情的需要，经过提炼，通过镜头的组接，艺术化地处理时间与空间。影视艺术的时空结构通过镜头组接的方式构建，通过对镜头画面的分切与组合，突破了现实时空的维度限制，能够实现时间的延长与缩短、空间的扩张与缩小，在有限的片长时间与画面空间中实现无限时空，实现四维空间的清晰表现。

著名导演库布里克曾经说过“电影拍摄的过程最终由剪辑决定结果”。在影视作品的创作中，根据前期分镜头所制作的素材，把握导演的创作意图与要求，进行蒙太奇形象的再创造，赋予作品最终形态。“剪辑定位于影视艺术创作中的第三度再创作。”[2]三维动画作品的叙事结构虽然在创作的前期分镜阶段已经形成，但仍然需要通过剪辑的环节进行具体与精确的调整和完善。与电影作品相同，动画作品的第一度创作为剧本创作，为动画的后续制作提供文学基础；第二度创作为导演、动画师创作，完成作品的图像素材；第三度创作是剪辑工作，在深刻理解剧本的基础上，整合视觉形象与听觉形

1 ［法］让·鲍德里亚：《拟象的进程》，载［法］雅克·拉康等著，吴琼编《视觉文化的奇观：视觉文化总论》，中国人民大学出版社 2005 年版，第 79 页。
2 傅正义：《影视剪辑编辑艺术》（修订版），中国传媒大学出版社 2009 年版，第 27 页。

象，对于影片的结构、节奏进行最终的精细调整，得以充分展现导演的创作意图，实现作品内容和形式的和谐统一，更好地控制观众的视觉焦点，维护故事情节的连贯性。通常包括以下几个方面。

1. 镜头切换：通过切换不同的镜头，展现同一时间不同场景或不同时间同一场景的变化。这可以帮助观众更好地理解故事情节，加深对角色和场景的印象。

2. 时间跳跃：通过快速切换不同时间段的镜头，展现故事情节的跳跃式发展。这可以创造出悬念和紧张感，吸引观众的注意力。

3. 镜头推拉：通过推进或拉远镜头，展现场景或角色的细节变化。这可以帮助观众更加深入地了解角色和场景，增强沉浸感。

4. 动作变速：通过调整镜头的播放速度，展现角色或场景的慢动作或快动作。这可以突出重要的情节或动作，强调角色的情感变化。

5. 色彩和光影变化：通过调整镜头的色彩和光影，展现不同的时间、氛围和情感。这可以帮助观众更好地理解故事情节和角色的情感变化。

在进行三维动画镜头剪辑时，创作者需要根据故事情节和角色性格的变化，选择合适的时空变化手段，以营造出最佳的视觉效果和情感氛围。同时，还需要注意镜头之间的连贯性和过渡的自然性，以确保观众能够顺畅地理解故事情节的发展。

随着传播与制作技术的进步，动画影片的屏幕分辨率不断提高，镜头画面所包含的设计元素和视觉信息愈加复杂，需要在后期剪辑中对关键性镜头进行时间的进一步调整。通常，在视觉效果复杂的商业动画作品中，剪辑师需要对部分关键镜头时长进行调节，剪辑时间会延长原片段的约150%，或在一组激烈的快节奏镜头中添加短暂的停顿镜头，实现局部节奏控制，留下更多的时间给观众观看和理解整个画面中的复杂视觉信息。如2015年的三维动画电影《西游记之大圣归来》开场皮影表演，明显可以看到导演和剪辑对于影像视听语言的表现时间进行了有意识的调整，对于二维皮影画面和三维复杂模型采取了不同的时间分配处理。在二维皮影段落中，整体画面信息量简单，动作运动节奏较快。三维模型切入二维平面动画中，剪辑速度放缓，从背景处缓缓出现的主角形象，给观众足够的时间理解主角呈现的视觉符号化形象（见图5-17）。

图5－17 《西游记之大圣归来》开场镜头

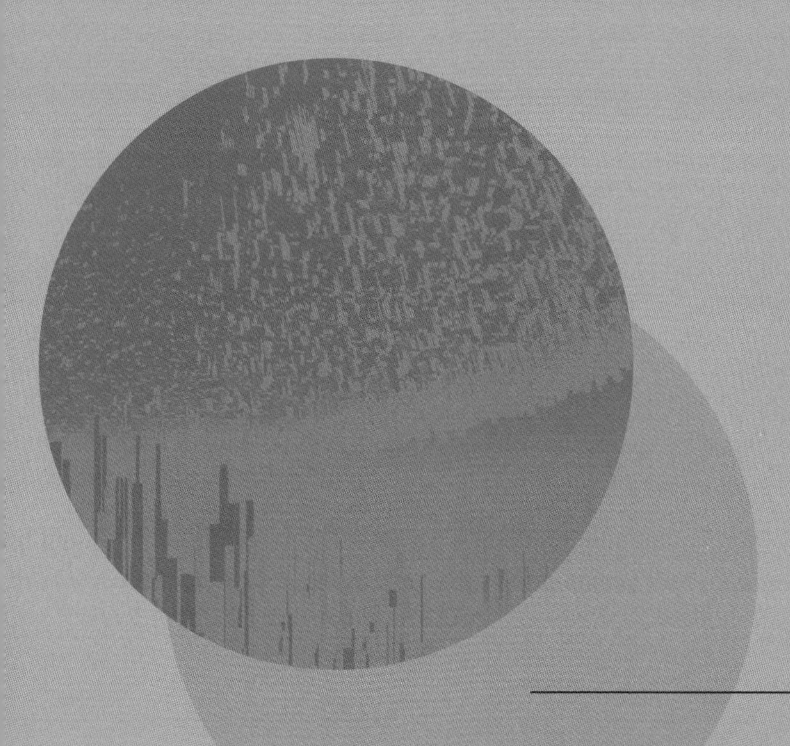

第 六 章

三维动画艺术创作的发展趋势

第一节　应用领域与传播媒介对艺术创作的影响

一、社会功能促使视觉风格的突破

动画作为信息媒介的形式和内容介入社会生活的各个领域、各个学科以及各个行业，产生多种不同形式的视觉风格。在规划和工程演示领域，三维动画着重体现在空间中的布局与数据规范，力求系统、翔实、直观地展示施工的流程、原理和细节，涉及方案、质量、进度、安全等有关技术、规范和管理要求，能够有效提升施工效率、节约成本；在产品和广告领域，三维动画用于展示产品工作原理、安装过程、使用说明或推广展示，根据展品需求的不同，呈现画面质量和内容的差异性，在产品前期宣传和售后服务阶段不仅能够提升用户体验满意度，还融合了品牌内涵、提升产品优势，成为企业的有力宣传资料；在艺术创作领域，重视艺术风格的独特呈现，并与手机、电视、巨幕等不同设备载体结合，衍生出尺寸、时长、受众群和互动方式等诸多形态分支。

目前，三维动画的社会功能已经发生了变化，由最早的服务于影视表现，提供计算机视觉特效，发展至后来在数字娱乐行业独当一面，包括短片、番剧、动画、电影和以游戏为代表的互动形式。三维动画的功能已不再拘泥于提供单向的用于观赏的可视化产品，三维工具作为可构建完整虚拟世界的工具，本身即可提供给用户创造的快感。游戏 Minecraft 作为一款高自由

图6-1　Minecraft 游戏宣传图

图6-2　Tilt Brush 官方宣传视频截图

度沙盒游戏风靡全球（见图6-1），玩家可以在游戏中通过类似拼搭积木的组合拼接来自由创建场景、角色、道具等游戏元素。自 Minecraft 上线以来，已有无数玩家在该游戏中创造和展示自己搭建的作品，还通过程序编写完成诸多游戏交互。2017年，谷歌在 Steam 平台发布了一款 VR 绘画应用 Tilt Brush（见图6-2），玩家可以利用 VR 设备在虚拟空间中完成三维画作的创建，系统还提供了彩虹、发光带、火焰、枫叶等多种笔刷效果。用户可以以直观的方式参与三维形象及动画制作的过程，这一创造过程的快乐正在成为三维动画在新的时期被大众青睐的重要因素。

现阶段的三维动画已经可以在传统显示方式的界面下提供给人类真实的视觉感受，而观众对于更加新鲜刺激的视觉符号与样式的追求永无止境。三维动画在技术与传统动画艺术结合的基础上完成了现有美学特征的构建，开始进行全新视觉风格的探索与实践，这其中也包括传统美术形式的动态化所可能产生的新视觉感受。2019年1月，《蜘蛛侠：平行宇宙》上映16天，大陆票房突破4亿，全片在传统三维动画视觉效果上尝试了波普、故障、漫画和涂鸦等艺术形式，刷新了观众的视觉感受。这些尝试在当下显示技术依然受限于二维光栅像素的前提下就已经具备数之不尽的变化可能。随着全息显示技术、虚拟现实、增强现实等新技术的成熟，在虚拟空间中以体素的方式完成三维空间对象的显示，将成为三维动画技术下一个阶段的必然趋势。

二、媒体样式的发展影响实现方式

移动互联网的发展影响着动画创作呈现面貌的变化。2019年，腾讯·企鹅智库正式发布《2019—2020中国互联网趋势报告》，这是一份聚焦于未来两年市场和用户变迁的最新数据和研究。随着新网民的进入，移动互联网消费将从“碎片化”转向“板块化”，超长和超短内容收缩，中型内容崛起。报告中指出：“视频对文字/图片的侵蚀还将持续并极有可能加速，在新网民中，视频可能是他们触网的第一介质。”[1]2018年的互联网是小视频爆发式增长的一年。与传统短视频相比，小视频以竖屏为主、时间更短。以抖音为代表的小视频平台（见图6-3）出现后，横屏短视频如秒拍、好看等平台用户流失达80%以上。小视频风靡带来的格式和作品时长的改变，提出更多适合不同输出端屏幕尺寸和布局的图像要求。建立在社交网络之上的自媒体信息分享时代，让更多人由影像的观看者转变为内容的创作者。这些用户制作低门槛的视频内容，提出了简单、便捷和降低学习成本的需求。

三维技术的实现方式也在迅速地摆脱复杂的命令菜单，以更为直观的

1 陈莹：《腾讯发布〈2019—2020中国互联网趋势报告〉》，《中国出版传媒商报》2019年2月19日。

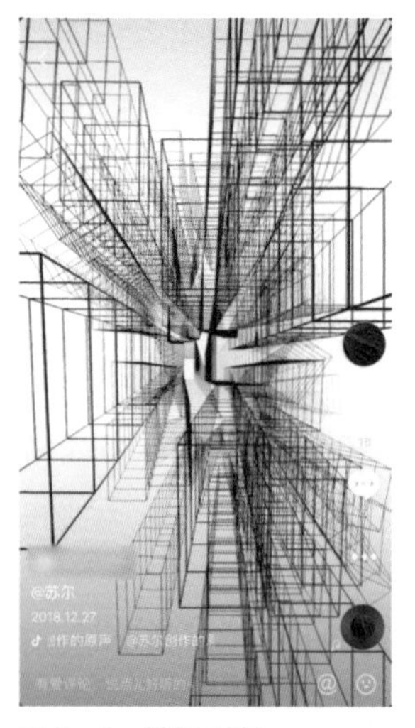

图6-3　抖音 APP

图6-4　ZEPETO

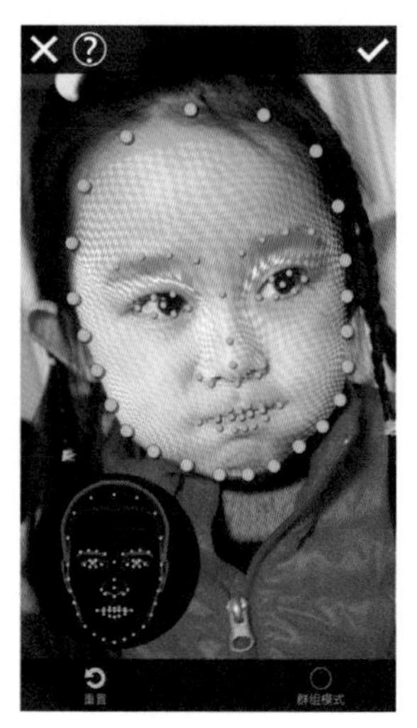

图6-5　Mug Life

简单操作应用于大众娱乐，复杂的实现原理和技术环节以后台程序的方式隐藏，交互界面则以最为简单的手势控制面向用户。如2018年个人立体卡通形象APP“ZEPETO”，以可调模板的方式实现三维卡通形象的制作（见图6-4）；IPhone的Animoji功能，在手机端通过面部识别技术进行表情捕捉与声音的同步记录，可以生成卡通风格的三维动画表情符号，其原理为使用深度感应相机镜头实现无标记点运动捕捉，并进行面部表情追踪；Mug Life通过简单的步骤实现静态图片的动态化制作（见图6-5），以神经网络技术为基础。该技术的实现分为三个阶段：面部解构（Deconstruction）将照片分解，提取3D建模所需的要素，例如相机属性、光照条件、面部几何数据以及纹理；动画（Animation）使用三维顶点变形技术记录或套用动画数据信息，驱动模型拓扑结构；面部重构（Reconstruction）是在不改变面部关键特性的前提下，将原始图片信息映射至模型表面产生跟随运动。

以上软件目前虽然以娱乐应用的方式存在于手机端，但其技术背景均来自专业领域的高端技术，这些应用的流行代表着数字技术向大众的应用普及，这些之前仅为产业所使用的高端技术正在迅速日常化，被大众掌握用以记录生活中的趣味。此类现象反映出了数字艺术“开放、自由、人本”的本质特征，也反映了技术成本的直线下降为原动画行业创作带来的巨大变化。

第二节　关键技术发展对创作的促进

一、艺术与技术的衔接

三维动画创作需求的发展对计算机技术不断提出更高的要求，随之诞生的诸多突破性技术既提升了技术易用性促进了艺术创作的自由，也加强了通用性助力于其他领域的发展。

计算机图形输入与显示技术的发展对于三维动画有着革命性的推进作用。技术与艺术之间的衔接通过创作者实现。输入与显示是三维动画创作与人之间最为直观的交互环节。未来体感输入技术与全息显示技术的发展，将直接导致创作者的操作体验和观众的接受体验发生根本的变化。

三维动画技术的易用性提升意味着创作者学习并掌握工具的过程将更为快捷，智能化虚拟工具更为主动地适应创作者个性化的操作习惯，减少不同思维模式之间的切换，使得技术实现与艺术思维之间的衔接更为自然，提供符合创作者“手感”的人机交互方式。扩展现实技术（XR）在原有 VR 和 AR 技术的基础之上，进一步增强用户的沉浸式体验，三维空间内的编辑与物理空间的结合突破了传统编辑输入工具的制约，用户可以更快获得信息，更加接近真实的触感与空间操作。无须经过专门的训练与适应，创作者可以自然地进行人机交互的仿真体验，利用虚拟工具开展创作。全息影像技术日益频繁地出现在人们的日常生活中，无须佩戴任何设备即可感受清晰、逼真、立体、生动的三维影像。三维打印及数字成形技术则为虚拟的创造物的现实确立提供了便捷快速的实现途径。

三维动画基础技术的迭代更新将进一步提升创作各环节的执行质量与效率。随着图像分析技术的提升，三维造型的输入与创建突破了距离、尺寸等客观条件的限制。在2018 SIGGRAPH 计算机图形学顶级年度会议上，现场展示了惠普的 3D 扫描设备 HP Z3D Camera（见图6-6），由一块可以夹在电脑屏幕上方的扫描设备和一块放置在屏幕下方的感应面板组成，可通过扫描建立起物体的 3D 结构，并拍摄多角度的照片生成表面的纹理和颜色，将整体三维模型生成时间压缩至 5 分钟内完成。2018年6月，在美国盐湖城召开的

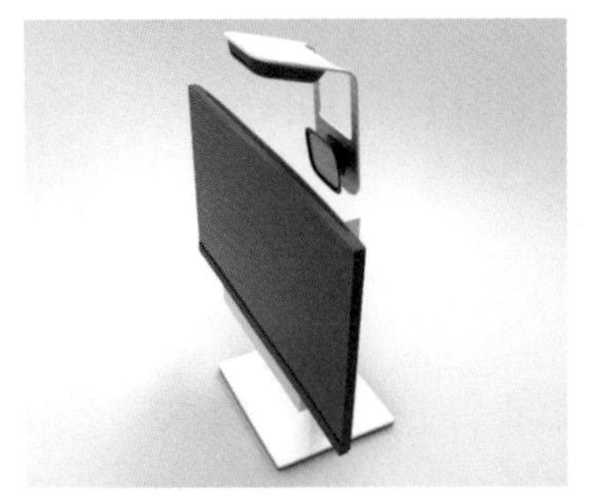

图6-6　HP Z3D Camera

图6-7　Altizure 三维重建技术

第31届计算机视觉和模式识别大会（CVPR）上，实景三维建模社区 Altizure 公布了最新的三维重建技术（见图6-7）。通过新的大规模分布式运动平均的算法，在进行大规模空中三角测量时，能够有效降低计算耗时、排除干扰物影像，并将场景中的超细结构进行优质重建。还将人工智能技术应用到三维数字城市模型构建和图像识别之上，令计算机视觉更好地融入城市数字化、智能化和便捷化的进程之中。近年来涌现出一批诸如3DCloud、Threedbook 的照片建模便携工具，通过相机等设备对物体进行多角度照片采集，经过计算机图像处理和三维计算，即可自动生成被拍摄物体的三维模型，为多领域创作者提供了极为快捷简便的模型素材。动作捕捉技术则以微缩化、日常化为发展方向，将已有惯性动捕设备的尺寸进一步缩小，可穿戴于表演者的手腕、双脚、皮带，以及棒球帽等位置，无须使用特殊的追踪套装，并提高了全身追踪的精度和一致性，令用户更轻松地获取高质量的动捕数据融入艺术创作。

三维动画技术通用性的提升促使其在多领域的跨界应用将转化为更具艺术性的表达方式。专注于满足用户精神与情感需求，并因技术成本的降低吸引大批个体创作者开展三维动画相关内容的创作，这些新生创作个体将自身原有领域的特质映射于作品之上，产生了丰富的艺术风格。

三维动画所具备的视觉真实感美学特征，在完成了对真实世界物象外观及物理规律的模拟后，将进入对已有艺术形式的创新阶段。三维技术的发展将着力于对已有艺术形式的再创造，以内化的方式发挥技术和创作流程的便

图6-8　动画短片《佳人》

利特征，通过提升效率和降低成本创造诸多益处。现有的外观特征将逐步地固化为众多外在美术形式感之一。三维技术将以多元的艺术风格为目标，作为创作手法以及创作流程组织方式介入作品的创作过程。

奥斯卡最佳动画短片《纸人》(*Paperman*)，基于三维技术的便利性，再制黑白动画的纯净美感，与故事中的一见钟情相得益彰；动画短片《佳人》以三维方式实现中国工笔画风格(见图6-8)；北京奥运会宣传片水墨动画，利用三维技术呈现写意的水墨效果；三维风格剪纸动画《城》进行了平面形式的空间实验；游戏《纪念碑谷》则一面以三维空间作为游戏基本构架，一面呈现极简的图形风格之美。

二、创作主体的个人化

与主流商业动画的模式化相区别，个人化创作近年来呈现出丰富的面貌，学生创作群体、小型工作室在动画风格化与流程灵活性上的突破，呈现出实现高品质的作品创作与输出能力。2018年，华时代全球短片节(HISFF)共征集到超过70个国家2084部参赛短片，其中41%作品来源于个人，25%来自高校。

2016—2018年，我国国内三维动画播放量从38.5亿上涨至136.96亿。2018年与2016年相比，增加了98.46亿的播放量；与2017年相比，增加了

62.36亿的播放量。[1]从中国动画电影来看，2012—2017年中国动画电影数量不断增长，6年间动画电影总数年均增长率为12.1%，动画电影票房不断走高，2016年，动画电影票房突破70亿元，为历史最高值。[2]面对需求不断高涨但优质产量供给不足的形势，中国动画的原创作品和IP开发都需要更多的创作者参与，个人和小团体创作的作品再次走入主流商业动画公司开发的视野之中。这些项目以独立运行的模式，各自开发不同风格的作品。通过以量保质的立体网状布局，最大限度地发挥小团队的创作能力，并为小团体作品提供强大的运营宣发渠道。集群化的运行模式，将成为中国主流商业动画的重要发展趋势。

三维动画作品的形式、内容有了更多具有实验性质的实践突破，移动互联网碎片化与片段化的载体内容要求也更加适合短小精悍的作品表现，为个人创作者提供了利好的传播环境。在2018年互联网短视频播放量统计中，以城市形象宣传为主题的短视频，重庆市以113.6亿播放量稳居榜首，西安、成都、北京紧随其后，播放量均超过70亿。目前，短视频行业头部内容尚未饱和，优质内容成为平台争夺流量的关键。如此现状将成为个人动画创作的新机遇，创作者可以在独立动画、实验动画的内容创意中不断寻找创作闪光点。动画短视频行业的崛起也将引得一批优秀内容制作团队的入驻。为满足社会对于动画内容的巨大需求，已出现独立开发出AI智能绘画技术的互联网公司，在AI技术的驱动之下专注研究动画短视频定制产品和服务。用户可以通过图片添加等简单操作，利用平台模板快速创建短视频。传统的企业独立开发产能远不足以供给平台用户对于内容的需求，平台上作品模板来源于大量独立动画师和企业签约团队。由创作团队或个人开发的模板内容具有鲜明的独特风格，符合大众用户的不同需要。

技术的普及促使个人创作者及小型团队更多地参与到三维动画艺术创作的活动中，在技术与艺术之间衍生出更为多变的技巧。个体差异与个性化的表现诉求也必然会体现在作品之中，在更为广泛的交流平台上实现创作者之

1 参见潘漫熳《2016—2018年2D、3D动画数据对比》，https://www.sohu.com/a/291314584_566241。

2 参见《2018年中国动画产业发展趋势分析 国产动漫开始兴盛，动画电影仍有一定上探空间》，https://www.qianzhan.com/analyst/detail/220/180803-3f4ed172.html。

图6－9　三维动画短片《冲破天际》

间的协作，合力完成更具艺术表现力的作品创作。2018年上映的插画风格三维动画短片《冲破天际》（见图6－9），讲述中国航天梦背景之下的父女之情，该片由动画导演张少甫带领洛杉矶和武汉两地共21人的团队跨国合作完成，获得14项国际动画大奖、第91届奥斯卡金像最佳动画短片提名。

第三节　尖端技术发展为艺术创作带来的契机

一、交互与生物传感技术实现互动沉浸体验

交互技术与生物传感技术的发展势必会对三维动画的呈现形式产生革命性的影响，打破影像画面的二维呈现方式的技术限制，实现在虚拟空间中的沉浸与互动体验。

2015年，HTC与Valve在巴塞罗那世界移动通信大会（MWC）上发布了虚拟现实头戴式显示器Vive，配合两个单手持控制器和一套空间定位系统Lighthouse，Vive为用户带来了身临其境的感受。沉浸式体验逐步进入大众视野，并在数年之内成为文化、娱乐、餐饮、旅游等服务行业争相追逐的热词。沉浸式体验强调通过场景营造，展示符合用户逻辑认知且又超出生活体验的故事，配合全息投影、AR、VR等科技手段，最大化地调动自身视觉、听觉、嗅觉、味觉、触觉的五感体验，令用户全身心地沉浸其中并感到愉悦和满足，引发心流而暂时忘记了真实世界。这种沉浸式体验对于视觉呈现提出了新的要求。

2016年10月，Baobab Studio推出VR短片*Invasion !*（见图6-10），讲述几个外星人企图摧毁地球但其阴谋被两只小兔子挫败的故事，而观者的身份正是其中一只兔子，以第一人称的身份和视角观看整部影片。传统数字视觉艺术呈现以屏幕为媒介，虽在尺寸和比例成像上有所不同，但大都无法跳脱

图6-10　VR短片*Invasion !*

四方边界，因此，诸如黄金分割、平衡对称等基于“边界”的构图理论尤为重要。沉浸式视觉成像要求打破边界，以720度全景画面呈现，模拟和还原肉眼所见的生活经验，观者可以自由选取角度进行观察，并可随时变换视角，体验具有空间感的视觉效果。这种基于三维空间的成像特征，正是三维动画与生俱来的空间维度优势。在三维空间中展开创作，并使观者从屏幕前走入场景之中参与体验，带来沉浸式的知觉感受。

基于沉浸式体验的需求，也同时带来了人机交互形式的改变。“当代人机交互技术已经从以电脑为中心逐步转移到以人为中心，麦克尔·德图佐斯（Michael Dertouzos）在其著作《未完成的革命：以人为本的电脑时代》中提出的‘以人为本’的人机交互哲理逐渐通过多种通道及多种媒体的交互技术得以贯彻。体感交互系统利用即时动态捕捉、影像辨识、麦克风输入、语音辨识等感应功能，把物理化学量转变成可利用的数字信号，从而使人们摆脱其传统单调的操作模式。”[1]

传统的人机交互方式依赖于诸如鼠标、键盘等机械设备所产生的二维界面。目前，已经广泛应用的多触点控制方式已经在二维界面的控制上摆脱了中间设备，更加贴近用户。正在发展中的语音交互和语义识别、眼动技术和视觉焦点、手势识别和力学反馈、动作捕捉等非接触交互体验将彻底改变未来的人机交互方式，将二维界面扩展到三维空间，并使其更倾向于人类之间的自然交流。未来的人机交互方式甚至会发展为超越肉体的媒介，直接进行精神与思维的沟通交流。

2018年，微软公开了四项针对VR触觉研究的成果：新型多功能触觉控制器CLAW（见图6-11），可以模拟用户抓取虚拟物体、触摸虚拟表面以及接受力反馈；专用于模拟虚拟物体材料和表面摩擦力的触觉控制器Haptic Wheel；双手手持控制器Haptic Links可以模拟用户双手行动的力反馈结果；为视障人士提供的虚拟环境手杖控制器Canetroller。HTC在CES 2019上发布了全新硬件Vive Pro Eye，将眼动追踪功能加入设备，可进行焦点指向性菜单导航。技术革新为人机交互带来更多可能，日本艺术家松田启一（Keiichi

1 谭力勤：《奇点艺术：未来艺术在科技奇点冲击下的蜕变》，机械工业出版社2018年版，第82页。

Matsuda）在2017年曾拍摄过一部概念短片 *Hyper-Reality*（见图6-12），畅想未来生活，影片中展示出真实世界与虚拟世界交互界面高度融合的场景。未来的交互界面可能真的如同短片内呈现的一般，对真实世界三维场景进行识别，再融合三维动画进行交互，并且可以基于用户的审美需求进行个性化呈

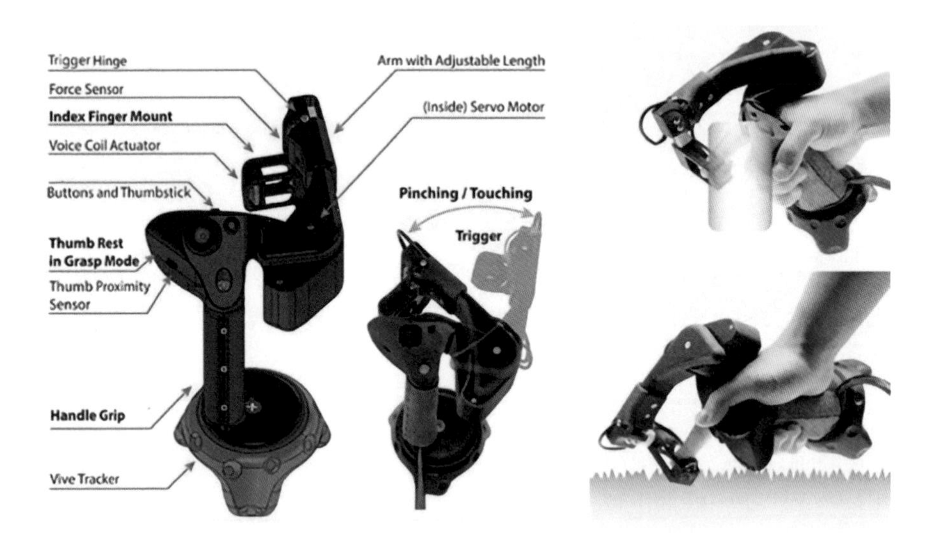

图6-11 微软开发的新型多功能触觉控制器 CLAW

图6-12 概念短片 *Hyper-Reality*

图6－13　Unreal Engine 实时渲染

现，这无疑将带来巨大的三维动画定制化创作需求。

交互所需的实时渲染技术将会在未来的动画创作中占据主流地位。实时渲染的本质是图形数据的实时计算和输出。SIGGRAPH 2017会议上展示了真人实时渲染 VR 作品 *MEETMIKE*，系统采用了复杂的传统软件设计和三种深度学习的 AI 引擎。在 Epic Games 的虚幻引擎支持下，90 FPS 渲染的人物形象令人惊叹，镜头中能看到他根根分明的眉毛和睫毛、皮肤毛孔上复杂的镜面高光，以及精细的面部模型。大约实时渲染了44万个三角面，这意味着每9毫秒渲染一张 VR 立体图，其中75%用于毛发。脸部使用了约80个节点，主要用于头发和面部毛发的运动。面部网格仅使用约10个节点，用于颌骨、眼睛和舌头，以增加更多的弧度运动。头部网格的最终版本中有大约750个多边形。

沉浸式交互体验将为三维动画带来新的挑战，这个挑战亦是三维动画在发展过程中所独有的特征，即真实感和非真实感的论题。不论是从视觉效果的提升，还是从对自然交互形式的追求而言，人们一直在试图建立虚拟世界与现实世界的无缝衔接。2017年，DICE 工作室分享了自己制作的一段利用 Unreal Engine 制作的 CG 实时渲染视频，画面中的岩石物体、材质和实时光效阴影变化已经达到令人惊叹的逼真程度（见图6－13）。

我们提升画面的显示效果，尽可能地模拟材质在真实世界的物理效果，让毛发更加自然、皮肤更加通透，定位人在虚拟世界的空间位置，通过力学反馈手套模拟真实触感，甚至搭建真实场景，利用鼓风机和空调配合模拟雪山中低温和风声的体感，制作不同的赛车、滑雪板、飞机驾驶舱道具，都是为了能最大限度模拟真实场景，符合人们对于真实世界的认知经验，达到以假乱真的效果，带来沉浸感的体验。但是，这种沉浸式体验对于虚拟世界的建立目标，一定不会仅仅停留于对于真实世界的模拟，它最终要带来的是超越人类认知经验的新体验。

二、深度学习技术挖掘自主模拟能力

机器深度学习建立在对于大数据的分析和训练之上，可以帮助创作者完成大量的数据运算分析，并提供诸多常见结果反馈。例如写实材质模拟、群集角色动画、天气系统仿真、角色表情动画采集和制作等。人工智能技术与深度学习的进步，对动画角色的日常行为将提供更为可信真实的模拟能力。自主模拟技术将促使传统动画、影视作品的创作方式与现代游戏技术的构建方式产生融合，有效提升动画创作的效率，使创作者可以有更多的时间和精力去关注作品创意本身。

2017年及2018年SIGGRAPH学术报告单元中，发表了多篇探索深度学习技术与计算机图形学领域相结合的论文，通过深度学习技术解决图形学的相关难题成为图形学研究的新热点。

《实时角色控制的相位函数神经网络》提出了一种基于相位功能神经网络结构的实时字符控制机制，使用新型神经网络来创建角色控制器，并且只需要很少的内存即可进行快速计算。整个网络在大型数据集以端到端的方式进行训练，该数据集由适合于虚拟环境的运动（如行走、跑步、跳跃和攀爬）组成。系统可以自动生成角色适应不同几何环境的动作，产生高质量的运动。例如在崎岖的地形上行走和奔跑，在大岩石上攀爬，跳过障碍物，蹲在低矮的天花板下。[1]

---

1 Daniel Holden, Taku Komura, Jun Saito, "Phase-Functioned Neural Networks for Character Control", *ACM Transactions on Graphics (TOG)*, Vol.36, July 20, 2017.

《广义语音动画的深度学习方法》描述了一种基于深度学习的程序语言动画的新方法。经过训练，该系统可以分析人类的说话声音，生成相应的口型同步动画。该系统实时运行，仅需很少的参数调优，就可以很好地概括为新的语音输入序列，易于编辑及创建程式化和情绪化的演讲，并且兼容现有的动画制作方法。

《自适应神经网络模拟运动轨迹，四足动物旋转跳跃栩栩如生》提出了一种新型数据驱动方法用于四足动物的运动合成，能够根据控制命令产生逼真的运动动画和稳定的转换过程。（见图6-14）这项系统不需要单独创建动画剪辑或动画图形，可以从大量的非结构化运动的采集数据中学习，在训练之后，用户可以交互式地实时控制运动特性并且启动各种运动模式和动作。该方法研究了机器人在存在不确定性和扰动情况下的鲁棒轨迹跟踪问题。首先，将滑模技术、神经网络逼近和自适应技术相结合，设计了基于神经网络的滑模自适应控制（NNSMAC）和自适应观测器，以保证机器人的轨迹跟踪，并估计链路的速度。其次，基于观测器，设计了一种基于神经网络的滑模自适应输出反馈控制（NNSMAOFC）。仿真结果表明了所设计的神经网络自适应观测器和神经网络自适应观测器的有效性。[1]

《学习穿衣：通过深度强化学习综合人体的穿衣动作》中，来自佐治亚理工学院和谷歌大脑的研究团队，描述了他们如何利用人工智能教虚拟角色如何自己穿衣服。采用无模型深度强化学习（deep RL）方法，实现自动发现由神经网络表示的、高鲁棒性的控制策略，利用触觉信息的显著表示指导虚拟人物穿衣的过程。首次证明，通过设计合适的输入状态空间和奖励函数，可以把对布料的模拟结合到深度强化学习框架中，以便学习强大的穿衣控制策略。[2]

《高斯材料合成》提出基于深度学习的AI系统可以大批量地进行实时材

---

1 Sun Tairen, Pei Hailong, Pan Yongping, Zhou Hongbo, Zhang Caihong, "Mode-Adaptive Neural for Quadruped Motion Control", *Neurocomputing*, Vol.74, No.14, 2011, pp.2377-2384.

2 Clegg Alexander, Yu Wenhao, Tan Jie, Liu C, Turk Greg, "Learning to Dress: Synthesizing Human Dressing Motion Via Deep Reinforcement Learning", *ACM Transactions on Graphics (TOG)*, Vol.37, No.6, January 10, 2019, pp.1-10.

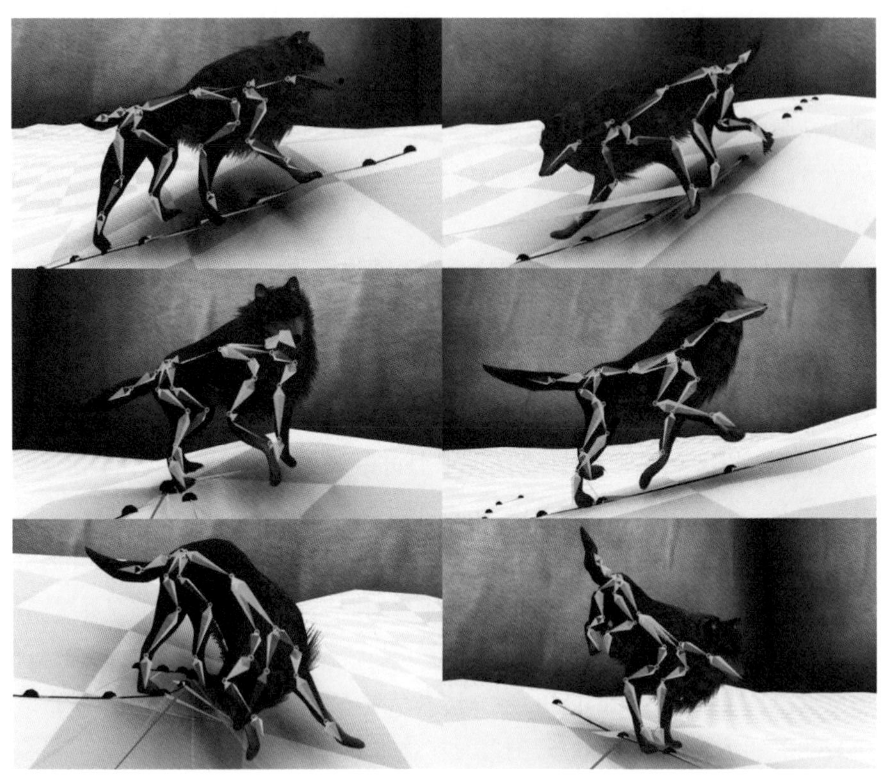

图6－14《自适应神经网络模拟运动轨迹，四足动物旋转跳跃栩栩如生》

质的生成。系统从学习到的分类中推荐更多新的材质，然后将这些推荐的材质填充到场景中并渲染全局照明。卷积神经网络可提供图像的实时预测结果，这些预测实时生成并且与真正的渲染图像高度一致，并提供了3种算法，为实时的逼真材质可视化、颜色探索，以及二维隐空间微调提供了可能，为大批量材质合成提供了有用的解决方案。

目前，人工智能的基本算法仍在发展的起步阶段，存在一定的缺陷。对于信息解构和计算反馈的结果仍然基于表面数据，对背后的隐喻理解不足，只能照章办事，缺乏灵活性，甚至经常出现常识性错误。人工智能和深度学习在三维动画创作中的作用还暂时停留于完成提高计算效率和降低人力成本这一层级。但是随着技术的发展，人工智能必然会具备作为独立创作主体所需的能力，从创意源头到制作环节全面地介入甚至主控动画的创作。实际上，人工智能技术已经在艺术领域进行了多类型的尝试与探索。如智能机器人绘画、智能机器人书法、智能机器人设计、智能机器人写作、智能机器人音乐与舞蹈等。面对人工智能的发展，在是否会替代人类的艺术创作主体这一问题的看法上存在着不同的观点。持积极态度的一方认为人工智能的介入将促使艺术家的创作主体身份更为纯粹和倾向抽象；持消极态度的一方则认为人工智能会替代人类，导致艺术家的失业。人工智能对于三维动画艺术创作而言，势必会与原有技术、美学、流程、认知、感知等各个方面产生密切的联系，促成新的艺术类型的生发。

结　语

纵观三维动画自诞生至今近半个世纪的发展，凭借数字媒介与数字技术优势，成为现代社会视觉文化的重要组成部分。本书通过对三维动画发展历程的梳理，总结出了三维动画的现阶段特征；提出三维动画维度构建的概念，并基于这一概念对三维动画艺术创作的形式及内容进行研究，从技术与艺术、认知与体验、经济与文化等维度对三维动画的内涵及外延进行分析与探讨；结合创作实践经验，对维度概念在三维动画创作流程各个环节的应用方式与技巧进行了分析总结；并结合上述内容对三维动画艺术创作在未来的发展趋势进行了预测；对中国三维动画目前存在的问题进行了分析与反思。

三维动画的出现源自计算机图形技术的发展。三维动画的发展与特征的形成与技术有着密切的联系。本阶段三维技术的主要发展倾向为对真实世界的模拟与再现。由技术衍生出的美学特征表现为视觉真实感。主流三维动画视觉样式已较为固定，表现为传统动画造型特征与真实材料质感的结合，即“动画假定性”特征与“视觉真实感”特征的综合。完成了传统动画艺术类型在现代三维动画技术背景下的重构。三维动画创作流程基本固化，在传统动画工业流程的基础上提升了多线并行、资产复用等效率优势。三维动画获得了广泛的商业成功，形成了全球范围的推广，在经济利益及文化战略等因素的作用下成为新的动画产业标准，在主流动画电影长片领域已替代传统动画的统治地位。美国在三维动画领域占据绝对优势，其技术研发能力与作品数量都遥遥领先于其他国家，占据垄断地位。日本、比利时、法国、加拿大等国家紧随其后。

三维动画的题材类型呈现“去现实化”特征，以非现实主义类型为主。内容类型较为单一，以奇观化特征迎合消费社会受众需求。倡导积极乐观的普世价值，强调对既定社会现实的肯定与认可，削弱批判精神。在文化全球化的背景下，不同国家本土特色文化受到了来自行业优势国家的侵入和压制。在文化形态、审美情趣及价值观念等层面呈现出同质化的倾向。对于三维动画现阶段的发展定位，可以借鉴保罗·莱文森（Paul Levinson）对于技术的演化曾提出的“玩具、镜子和艺术”三阶段观点：以技术性质为基础的艺术类型，由于技术的前沿性特征，最初会被当作新奇的玩具；之后作为工具被用来替代现实；最后才会发展到超越现实并创造新的现实。结合这一观点，对照三维动画在技术发展、美学形式、经济文化等方面的特征，我们不难发现：三维动画在经历了“玩具”时期之后，进入了反映现实的时期。在这个阶段，随着技术感知经验在大众中的普及，由技术特征所产生的形式新鲜感不再是关注的热点，内容功能成为重点。技术成为记录现实的重要方式，通过各种途径参与对现实的记录与表达。三维动画在21世纪第一个10年中所呈现出的强化真实的美学形式特征，反映出三维动画作为实用技术与艺术性媒介的共生体，正处在从“镜子”到“艺术”的过渡阶段，即由重述现实到重塑现实的关键时期。在此阶段中存在的娱乐至上、遮蔽现实的问题也值得创作者警惕与反思。

在艺术发展的一定时期内，艺术创作和生产的媒介技术会发生较为剧烈的变革，作用于艺术规律，改变审美特点。但是从艺术发展整体进程来看，艺术本体相对较为稳定，艺术的本性取决于一定社会、历史条件下的文化理念及文化态度。近年来，奇观化视觉作品对于提升感官刺激的片面追求已经出现了发展瓶颈，三维动画视觉真实感特征将实现表象及内涵方面的延展。一方面，观众对于视觉效果的要求越来越高，“奇观化”成为常态化。面对感官刺激的持续轰炸，观众已开始厌倦此类作品的模式与套路。三维动画必须借助于艺术性的提升获得更大的发展空间，不同地区与民族特色文化的传承也将促使三维动画作品呈现更为多样的形式美感。另一方面，审美开始回归“叙事”本身，叙事艺术的本性并不会由技术的巨变而产生转移。依然通过对事件的陈述、对人物性格的塑造刻画、对环境氛围的营造，揭示生活与生命之本质，彰显精神与情感。随着技术带来的视觉奇观化震撼的迅速消退，三维动画艺术的本质功能逐渐回归。

技术的新旧更替在于克服原有技术的局限性。对于技术所支撑的事物本身而言，意味着效率的提升和方法的重构，并不意味着根本性质的改变。技术在艺术范畴的发展必须符合艺术规律，沿着艺术的脉络实现自身的突破。三维技术在以艺术创作为目的并转化为视觉艺术内容的过程中，便已脱离了其技术的本体，做出了让步，两者不同理念的有机结合必将催生新的艺术形式。三维动画替代传统动画的主流地位，本质上是动画创作的新技术对于旧技术的替代，传统动画的艺术形态并未消失。动画艺术特征与新技术的结合产生了新的动画艺术类型。同样，三维动画作为开放和高效的动画创作手段，也可以拓展动画艺术与其他艺术形式的结合，产生更多的可能。

从三维动画的发展历程我们可以发现，三维动画在1995年确立了其基础美学形态后，至今造型特征本身没有发生重大的突破，其技术攻坚一直围绕着毛发、质感、流体等内容进行，至今都在解决如何在实现视觉真实感的同时加强动画假定性的控制这一问题。目前，三维动画的写实能力已达到与受众认知能力较为适配的阶段，三维动画基本完成了与传统动画艺术的合体，开始向相邻领域进行拓展。三维技术在现阶段的技术奇观化与视觉奇观化将隐藏于艺术化形式之下，成为辅助叙事的重要手段。如《蜘蛛侠：平行宇宙》回归漫画艺术独特魅力；英雄联盟首部动画剧集《双城之战》探索手绘艺术风格的三维动态化表现；《阿丽塔：战斗天使》试图突破“恐怖谷”理论的界限，进行可替代真人的数字角色新一轮的尝试。三维动画将进一步与传统艺术形式结合与重构，呈现更为多元的新艺术形态。

技术发展的趋势必然遵循易用化与任意化；尖端技术的发展与三维动画的整合将极大地简化繁复的技术操作环节；抽象的技术需要通过应用技巧的转化以实现创作过程的“去工程化”。创作方式和影像呈现方式的变革也将促成认知与体验维度的统一、实现创作过程中理性思维与感性思维的统一。三维动画的技术实现方式将与更多的艺术形式实现紧密的结合，成为可被个人创作者全面掌握的工具，打破三维动画创作的专业化垄断状态，实现个性与艺术性的自由表达。

三维动画具备图形技术和艺术类型的双重属性，其艺术特征在技术的基层上形成并呈现出独立的特质，呈现出复杂的内在属性：在被技术发展持续推动的同时，又受到来自技术的约束和限制。在与传统艺术形态存在着传承关系的同时，又存在着内在的冲突与背离。由于三维动画的技术应用特征，自诞生之日起便与产业和经济息息相关，既受到现代社会文化发展的规约，又在一定程度上被资本操纵和左右。三维动画在全球的推广与普及，从经济、文化、技术等各个方面确立了美国在该领域的霸主地位，我们必须认可美国在现代数字技术和数字艺术方面做出的巨大贡献和积极的推进作用，但同时也要意识到美国以垄断三维核心技术为基础，对现代主流动画的艺术形式、技术流程、文化内涵进行了潜移默化的改造和导向，重建动画市场的新格局和新标准，进而向全世界范围进行文化殖民的现实。

经过20余年对三维动画技术的被动追逐，世界各国本民族文化特色渐趋式微，多样的动画艺术形式逐渐同一化，技术差距被刻意地放大，动画创作者已经从很大程度上丧失了独立思考的能力。三维动画的发展历程中存在着众多的矛盾与悖论，暴露出一系列问题：片面强调写实风格，必然引导技术研发的核心转向物理拟真，导致细节表现的极致化而减弱整体形式感的多元化。一味提升动画工业流程的效率，必然要求创作过程的标准化，从而弱化对艺术形式的深入挖掘和个性化体现。刻意迎合大众口味，追求票房成功，必然导致主题和内容的泛娱乐化。以上现象虽然不能武断地指责为“歧途”，但是发展中的偏颇是客观存在的。对于三维动画的认知和理解需要从更为广泛与深层的维度展开研究。

中国第一部投资发行的三维动画电影《魔比斯环》诞生于2006年。十余年来，中国动画行业在仰望“美国三维动画工业流程”的同时，也在不懈地进行着创作实践与方法探索，并坚持强调国产动画的民族化创作方向。近年来取得了长足的进步，在技术实现与应用层面的差距逐渐缩小。如《西游记之大圣归来》《白蛇：缘起》等国产三维动画电影在技术、美学、文化等层面均达到了一定的高度。但是主流三维动画的创作依然较为严格地遵循外来的通用标准，缺乏创造性的因地制宜与革新：重技术引入而轻技巧挖掘、重表演夸张而轻意境表现、美式的聒噪与挤眉弄眼替代了空灵厚重。值得注意的是，美国三维动画是计算机图形技术与迪士尼传统动画高度结合的产物，中国三维动画创作是试图移植这一产物的产物，作为在发展过程中必经的学习阶段，此举无可厚非，但长此以往，必将严重影响中国三维动画创作的精神内核与形式拓展。

中国动画并不具备在三维动画领域的原生技术优势，但是不乏悠久历史沉淀的文化底蕴和含蓄的东方美学以及千锤百炼的艺术技巧。对于动画从业者与创作者而言，一方面必须尽可能地通过学习减小在技术层面的差距；另一方面也需要认真思考自身所具备的文化优势，坚定文化自信，主动地从艺术形式和文化内涵上另辟蹊径，从技术应用技巧和作品内容上深入探索。在我们逐渐解决“怎样做”的问题之后，更重要的是“做什么”。

作为中国动画的参与者与见证者，我们必须正视与全球经济一体化共生的文化全球化趋势，以及文化民族性与本土性向普世价值趋同发展的现实。传统与当代民族精神一脉相承，我们必须重视本土文化的当代表述，避免以本土文化的传统文化成果替代时代特征，应从认知与体验的维度把握艺术创作与现代社会大众需求之间的脉络。从经济和文化的维度探讨与理解现代中国经济基础与文化上层建筑之间的互相促进。

中国三维动画创作中民族化问题在传统与现代、本土与国际等维度的矛盾值得我们重视。文化特征与时代发展相吻合的客观规律要求本土文化特色的艺术作品应符合世界文化发展的主流趋势，同时具备鲜明的本土文化特色和人本文化精神。在文化层面进行深入的解读和研究，避免片面强调民族化表象，民族化不等同于符号或纹样的堆砌与叠加，以传统符号的简单化滥用替代艺术形式的深刻挖掘是创作者懒于思考的表现。要从文化和艺术的本质联系上进行研究与实践。传统民间美术中所蕴含的丰富的造型与表现技巧；中国山水的观察方法和表现技法与三维数字艺术之间亦存在着同宗同源的紧密联系；中国传统雕塑艺术更为我们直接提供了高度提炼后的空间造型艺术。我们完全可以对以上艺术形式的本质特征进行挖掘，通过三维动画技术的转化呈现出新的魅力，并进一步探索具备东方美学的题材内容在全新体验平台上所可能产生的情感与精神的共鸣。

创作者需要从技术与美学的维度建构三维动画技术与中国特色艺术形式之间的联系，避免生硬照搬技术流程。对于三维动画维度的认知与理解应该摆脱当下片面追求写实的误区，要根据艺术形式和内容的需要进行灵活的调整，提升技巧的转化与移植，深入探究技术实现与艺术特征、创作流程与文化属性之间的潜在联系。以视觉科学的方法解析中国本土艺术形式在构成维度方面的特征；反思在技术层面盲目追逐写实主义所带来的被动跟随；重新审视东方艺术中概括、抽象、写意的审美意趣，在技术环境中进行文化元素的分解与重构。三维动画所具备的技术实现能力，必须与文化认知和艺术思维进行深入的融合，才能够真正化身万千，实现从文化内涵到艺术形式的再造与扩展。

多维度的要素构成三维动画丰富的形式与内涵。技术与艺术的发展交替推进三维动画对世界的呈现。三维动画创作研究的理论框架的构建，需要通过整合计算机图形领域、传统动画领域、绘画及设计艺术、影视艺术等相关领域的研究成果，以维度构成的概念为线索，以经济与文化维度为背景，以认知与体验维度为基础，对三维动画创作的技术与艺术维度进行分析，对创作实践产生有效的指导作用：将艺术思维与先进技术进行有效的结合，通过应用技巧的转化使通用技术与特色文化形成紧密的联系，从虚拟到超越至尽意；从感觉的真实到美的真实，再至想象的真实；从具象之美到抽象之美，从真实之美到精神之美。

附 录

附录一：1995—2018年三维动画电影年表

序号	片名（中文）	上映时间	出品国家
1	玩具总动员	1995/11/19	美国
2	仙后座	1996/4/1	巴西
3	蚁哥正传	1998/10/2	美国
4	虫虫特工队	1998/11/25	美国
5	南方公园	1999/6/30	美国
6	玩具总动员2	1999/11/24	美国
7	恐龙	2000/5/19	美国
8	怪物史莱克	2001/5/18	美国
9	最终幻想：灵魂深处	2001/7/2	美国、日本
10	快乐的蟋蟀	2001/7/20	巴西
11	复活森林	2001/8/3	西班牙
12	怪物公司	2001/11/2	美国
13	天才小子吉米	2001/12/21	美国
14	冰河世纪	2002/3/15	美国

（续表）

序号	片名（中文）	上映时间	出品国家
15	阿里巴巴	2002/7/26	印度
16	Bonobono	2002/8/10	日本
17	蔬菜宝贝历险记	2002/10/4	美国
18	海底总动员	2003/5/30	美国
19	盖娜：预言	2003/6/4	法国、加拿大
20	极乐世界	2003/8/15	韩国
21	蜜蜂总动员	2003/9/19	意大利
22	杰纳斯：特拉克希尔	2003/11/10	印尼
23	皮诺曹3000	2004/2/9	加拿大、法国、德国、西班牙
24	苹果核战记	2004/3/5	日本
25	重返戈雅城	2004/3/18	德国、西班牙、英国、荷兰、丹麦
26	女神陷阱	2004/3/24	法国
27	怪物史莱克2	2004/5/15	美国
28	鲨鱼黑帮	2004/10/1	美国
29	超人特工队	2004/11/5	美国
30	极地特快	2004/11/10	美国
31	龙刀传奇	2005/1/6	中国香港
32	神奇的旋转木马	2005/2/2	英国、法国
33	卡亚俄海盗	2005/2/24	秘鲁
34	机器人历险记	2005/3/11	美国
35	战鸽快飞	2005/3/25	英国
36	马达加斯加	2005/5/27	美国
37	星际劫难	2005/6/2	美国、韩国
38	仲夏夜之梦	2005/7/1	西班牙

（续表）

序号	片名（中文）	上映时间	出品国家
39	校园惊魂记	2005/7/8	丹麦
40	最终幻想7：圣子降临	2005/9/14	日本
41	四眼天鸡	2005/11/4	美国
42	小红帽	2005/12/16	美国
43	魔比斯环	2005/12/30	美国、中国
44	生肖传奇	2006/1/26	新加坡
45	吉米闯天关	2006/3/17	挪威、英国
46	冰河世纪2	2006/3/31	美国
47	狂野大自然	2006/4/14	美国
48	小战象	2006/5/18	泰国
49	篱笆墙外	2006/5/19	美国
50	赛车总动员	2006/6/9	美国
51	海底大冒险	2006/7/7	美国、韩国
52	怪兽屋	2006/7/21	美国
53	火命之龙	2006/7/27	秘鲁
54	别惹蚂蚁	2006/7/28	美国
55	Especial	2006/8/1	俄罗斯
56	冰原小恐龙	2006/8/3	德国
57	疯狂农庄	2006/8/4	美国
58	草莓甜心	2006/9/4	美国
59	皇帝的秘密	2006/9/8	芬兰
60	丑小鸭和小老鼠	2006/9/10	法国、德国、爱尔兰、英国、丹麦
61	棒球小英雄	2006/9/15	美国、加拿大
62	丛林大反攻	2006/9/29	美国

（续表）

序号	片名（中文）	上映时间	出品国家
63	猫的森林	2006/10/14	日本
64	阿祖尔和阿斯马尔	2006/10/25	法国、比利时、西班牙、意大利
65	鼠国流浪记	2006/11/3	美国、英国
66	快乐的大脚	2006/11/17	美国、澳大利亚
67	邪恶新世界	2007/1/5	美国
68	儿童之地	2007/1/19	黎巴嫩
69	船艇总动员	2007/2/23	挪威
70	倒霉熊历险记	2007/3/22	韩国
71	忍者神龟	2007/3/23	美国、中国香港
72	未来小子	2007/3/30	美国
73	怪物史莱克3	2007/5/18	美国
74	二维世界	2007/6/2	美国
75	冲浪企鹅	2007/6/8	美国
76	美食总动员	2007/6/29	美国
77	2077日本锁国	2007/8/18	日本
78	苹果核战记2	2007/10/20	日本
79	解救茜茜公主	2007/10/25	德国
80	蜜蜂总动员	2007/11/2	美国
81	贝奥武夫	2007/11/16	美国
82	埃贡和唐西	2007/11/29	匈牙利
83	魔法俏佳人：失落王国的秘密	2007/11/30	意大利
84	丛林历险记3	2007/12/2	丹麦、挪威、拉脱维亚
85	堂吉诃德外传	2007/12/5	西班牙、意大利
86	蔬菜海盗历险记	2008/1/11	美国、加拿大
87	月球大冒险	2008/1/30	美国、比利时

（续表）

序号	片名（中文）	上映时间	出品国家
88	矮人和巨人之秘密房间	2008/1/31	瑞典
89	霍顿与无名氏	2008/3/14	美国
90	猎龙人	2008/3/19	法国、德国、卢森堡
91	Nak	2008/4/3	泰国
92	狐狸的故事	2008/4/12	英国
93	迪亚哥	2008/5/22	美国
94	功夫熊猫	2008/6/6	美国
95	机器人总动员	2008/6/27	美国
96	太空黑猩猩	2008/7/18	美国
97	星球大战：克隆战争	2008/8/15	美国
98	迪斯科虫子	2008/9/7	丹麦
99	森林精灵	2008/9/12	西班牙
100	奇妙仙子	2008/9/18	美国
101	艾格	2008/9/19	美国、法国
102	圣诞营救计划	2008/9/22	芬兰、丹麦、德国、爱尔兰
103	丛林大反攻2	2008/9/24	美国
104	土星之旅	2008/9/26	丹麦
105	山羊的故事	2008/10/16	捷克
106	生化危机：恶化	2008/10/18	美国、日本
107	阿连努什卡和耶鲁玛的冒险	2008/10/23	俄罗斯
108	流浪狗罗密欧	2008/10/24	美国、印度
109	库尔特是残酷的	2008/10/31	挪威、丹麦
110	马达加斯加2	2008/11/7	美国
111	闪电狗	2008/11/21	美国
112	浪漫鼠德佩罗	2008/12/19	美国

（续表）

序号	片名（中文）	上映时间	出品国家
113	消失的天猫座	2008/12/25	西班牙、英国
114	永远的豆子煞星	2009/1/1	美国、澳大利亚、俄罗斯
115	耿：冒险开始	2009/2/12	马来西亚
116	小战象2	2009/3/26	泰国
117	怪兽大战外星人	2009/3/27	美国
118	穿长筒靴的猫	2009/4/1	法国、比利时、瑞士
119	塔拉星球之战	2009/5/1	美国
120	飞屋环游记	2009/5/29	美国
121	冰河世纪3	2009/7/1	美国
122	卢卡露西和德克萨斯骑警	2009/7/21	比利时、卢森堡、荷兰
123	弃宝之岛：遥与魔法镜	2009/8/22	日本
124	9	2009/9/9	美国
125	天降美食	2009/9/18	美国
126	铁臂阿童木	2009/10/23	美国
127	小叮当与失去的宝藏	2009/10/27	美国
128	深夜中的企鹅	2009/10/28	法国、日本
129	圣诞颂歌	2009/11/6	美国
130	51号星球	2009/11/20	美国、英国、西班牙
131	玛莎与魔法果实	2009/12/10	俄罗斯
132	量子战争	2010/1/13	美国
133	火鸟总动员	2010/2/18	阿根廷
134	太空狗	2010/3/18	俄罗斯
135	驯龙高手	2010/3/26	美国
136	Xero Error	2010/4/10	阿联酋
137	机密要隘的传说	2010/5/15	美国

（续表）

序号	片名（中文）	上映时间	出品国家
138	怪物史莱克4	2010/5/21	美国
139	Z计划	2010/5/22	日本
140	玩具总动员3	2010/6/18	美国
141	神偷奶爸	2010/7/9	美国
142	海龟奇遇记2：萨米大冒险	2010/8/4	比利时
143	加图罗	2010/9/9	阿根廷、墨西哥
144	Mee Maakana	2010/9/14	马尔代夫
145	丛林有情狼	2010/9/17	美国、加拿大
146	小叮当：拯救精灵大作战	2010/9/21	美国
147	猫头鹰王国：守卫者传奇	2010/9/24	美国、澳大利亚
148	太空黑猩猩2	2010/10/5	美国
149	动物总动员	2010/10/7	德国
150	奥森三人帮	2010/10/14	丹麦
151	魔法俏佳人	2010/10/29	意大利
152	超级大坏蛋	2010/11/5	美国
153	魔发奇缘	2010/11/24	美国
154	战锤40000：极限战士	2010/12/13	英国
155	月光精灵角色扮演	2010/12/25	菲律宾
156	丛林大反攻3	2011/1/25	美国
157	森林里的熊先生	2011/2/10	丹麦
158	兰戈	2011/3/4	美国
159	火星救母记	2011/3/11	美国
160	里约大冒险	2011/4/15	美国
161	小红帽2	2011/4/29	美国
162	神童	2011/5/1	法国、比利时、卢森堡

（续表）

序号	片名（中文）	上映时间	出品国家
163	功夫熊猫2	2011/5/26	美国
164	青蛙脸弗莱迪	2011/6/1	丹麦
165	犹太狮子	2011/6/3	美国
166	赛车总动员2	2011/6/24	美国
167	铁拳：血之复仇	2011/7/26	美国、日本
168	草原小狗乔克	2011/7/29	南非
169	最小的天使	2011/8/6	美国
170	野蛮人罗纳尔	2011/9/29	丹麦
171	怪兽在巴黎	2011/10/12	法国、比利时
172	雷神托尔	2011/10/14	冰岛
173	穿靴子的猫	2011/10/28	美国
174	上帝的忠实仆人：巴拉	2011/11/4	土耳其
175	快乐的大脚2	2011/11/18	美国、澳大利亚
176	亚瑟·圣诞	2011/11/23	美国、英国
177	爸爸，我是僵尸	2011/11/25	西班牙
178	朋友：怪物岛的纳基	2011/12/17	日本
179	丁丁历险记	2011/12/21	美国、新西兰
180	开心球大电影：无敌战队	2011/12/22	俄罗斯
181	世界的另一边	2012/1/21	日本
182	龙之纪元：追索者的黎明	2012/2/11	日本
183	老雷斯的故事	2012/3/2	美国
184	秘鲁大冒险	2012/6/4	西班牙
185	赞比西亚大冒险	2012/6/5	南非
186	马达加斯加3	2012/6/8	美国
187	食物大战	2012/6/15	美国

（续表）

序号	片名（中文）	上映时间	出品国家
188	勇敢传说	2012/6/22	美国
189	冰河世纪4	2012/7/13	美国
190	星河战队：入侵	2012/7/21	美国、日本
191	神秘世界历险记	2012/8/10	中国
192	小海龟大历险	2012/8/15	比利时
193	放学后的 MIDNIGHT	2012/8/25	日本
194	精灵旅社	2012/9/28	美国
195	YAK: 巨人之王	2012/10/4	泰国
196	极地大冒险	2012/10/12	芬兰、丹麦、德国、爱尔兰
197	罗马角斗士	2012/10/18	意大利
198	动物也疯狂	2012/10/19	印度
199	小叮当：冬日物语	2012/10/23	美国
200	山羊的故事2	2012/10/25	捷克
201	生化危机：诅咒	2012/10/27	日本
202	无敌破坏王	2012/11/2	美国
203	守护者联盟	2012/11/21	美国
204	冰雪女王	2012/12/31	俄罗斯
205	明镜	2013/1/15	印度
206	逃离地球	2013/2/15	美国、加拿大
207	萨里拉的传说	2013/2/22	加拿大
208	疯狂原始人	2013/3/22	美国
209	森林战士	2013/5/24	美国
210	怪兽大学	2013/6/21	美国
211	神偷奶爸2	2013/7/3	美国

（续表）

序号	片名（中文）	上映时间	出品国家
212	极速蜗牛	2013/7/17	美国
213	挑战者联盟	2013/7/18	阿根廷
214	飞机总动员	2013/8/9	美国
215	宇宙海贼哈洛克船长	2013/9/7	日本
216	驯龙骑士	2013/9/20	西班牙
217	天降美食2	2013/9/27	美国
218	丛林之王	2013/10/17	德国
219	阿迪冒险	2013/10/24	印尼
220	斑马总动员	2013/10/25	南非
221	火鸡总动员	2013/11/1	美国
222	微观世界：失落的蚂蚁谷	2013/11/17	法国、比利时
223	冰雪奇缘	2013/11/27	美国
224	魔法之家	2013/12/25	比利时
225	抢劫坚果店	2014/1/17	加拿大、韩国、美国
226	机械心	2014/2/5	法国、比利时
227	乐高大电影	2014/2/7	美国、澳大利亚、丹麦
228	天鹅公主：皇室传说	2014/2/25	美国
229	天才眼镜狗	2014/3/7	美国
230	小叮当与海盗仙子	2014/4/1	美国
231	勇士传奇	2014/4/10	印度
232	里约大冒险2	2014/4/11	美国
233	奥兹国的桃乐西	2014/5/9	美国、印度
234	太空部队2911	2014/5/16	土耳其
235	龙之谷：破晓奇兵	2014/5/20	中国
236	邮差帕特	2014/5/23	英国

（续表）

序号	片名（中文）	上映时间	出品国家
237	驯龙高手2	2014/6/13	美国
238	圣斗士星矢：圣域传说	2014/6/21	日本
239	苹果核战记：阿尔法	2014/7/15	日本
240	飞机总动员2：火线救援	2014/7/18	美国
241	银河守卫队	2014/7/21	美国、加拿大
242	哆啦A梦：伴我同行	2014/8/8	日本
243	棚车少年	2014/8/25	美国
244	妈妈，我是僵尸	2014/9/21	西班牙
245	桃蛙源记	2014/10/3	中国台湾
246	蜡笔总动员	2014/10/3	美国
247	生命之书	2014/10/17	美国
248	最后的德鲁伊：加尔姆战争	2014/10/25	日本、加拿大
249	玛雅蜜蜂历险记	2014/11/1	澳大利亚、德国、比利时
250	Chaar Sahibzaade	2014/11/6	印度
251	超能陆战队	2014/11/7	美国
252	高卢英雄历险记：诸神之神殿	2014/11/26	法国、比利时
253	马达加斯加的企鹅	2014/11/26	美国
254	冰雪女王2	2014/12/12	俄罗斯
255	小叮当之奇幻兽传奇	2014/12/12	美国
256	王子与108煞	2015/1/21	比利时、法国、卢森堡、中国
257	仲夏夜魔法	2015/1/23	美国
258	金翅雀	2015/2/4	法国、比利时
259	疯狂外星人	2015/3/27	美国
260	疯狂进化人	2015/4/8	比利时、法国、意大利、中国

（续表）

序号	片名（中文）	上映时间	出品国家
261	诺亚方舟漂流记	2015/4/9	德国、比利时、卢森堡、爱尔兰
262	奥兹守护者	2015/4/10	墨西哥、印度
263	巴哈杜尔	2015/5/22	巴基斯坦
264	疯狂侏罗纪	2015/6/9	美国
265	头脑特工队	2015/6/19	美国
266	小黄人大眼萌	2015/7/10	美国
267	西游记之大圣归来	2015/7/10	中国
268	有很多蛋的公鸡	2015/8/20	墨西哥
269	四月二十五日	2015/9/15	新西兰
270	考拉比尔大电影	2015/9/17	澳大利亚
271	精灵旅社2	2015/9/25	美国
272	兔子镇的火狐狸	2015/10/30	韩国、中国
273	史努比：花生大电影	2015/11/6	美国
274	萨瓦传奇	2015/11/12	俄罗斯
275	冰雪大作战	2015/11/13	加拿大
276	恐龙当家	2015/11/25	美国
277	北极移民	2016/1/15	美国、印度、爱尔兰
278	超级小鸟	2016/1/22	美国、墨西哥
279	功夫熊猫3	2016/1/29	美国
280	痞子猫	2016/2/5	土耳其
281	秘密公主	2016/2/14	尼日利亚
282	疯狂动物城	2016/3/4	美国
283	丛林大反攻4	2016/3/8	美国
284	鲁滨逊漂流记	2016/3/30	比利时

（续表）

序号	片名（中文）	上映时间	出品国家
285	奇幻森林	2016/4/15	美国
286	疯狂大变身	2016/4/22	俄罗斯
287	愤怒的小鸟	2016/5/20	美国、芬兰
288	糖果世界大冒险	2016/5/27	中国
289	海底总动员2：多莉去哪儿	2016/6/17	美国
290	爱宠大机密	2016/7/8	美国
291	摇滚藏獒	2016/7/8	美国、中国
292	最终幻想15：王者之剑	2016/7/9	日本
293	冰河世纪5	2016/7/22	美国
294	黑猫鲁道夫	2016/8/6	日本
295	香肠派对	2016/8/12	美国、加拿大
296	精灵王座	2016/8/19	中国
297	比拉传奇	2016/9/8	沙特阿拉伯
298	逗鸟外传	2016/9/23	美国
299	杀戮都市：O	2016/10/14	日本
300	魔发精灵	2016/11/4	美国
301	查尔·萨希布扎德2	2016/11/11	印度
302	海洋奇缘	2016/11/23	美国
303	了不起的菲丽西	2016/12/14	加拿大
304	巴哈杜尔：巴巴·巴兰的复仇	2016/12/15	巴基斯坦
305	欢乐好声音	2016/12/21	美国
306	冰雪女王3	2016/12/27	俄罗斯
307	冲浪企鹅2	2017/1/17	美国
308	乐高蝙蝠侠大电影	2017/2/10	美国、澳大利亚、丹麦
309	理查大冒险	2017/2/12	比利时、德国、卢森堡、挪威、美国

（续表）

序号	片名（中文）	上映时间	出品国家
310	宝贝老板	2017/3/31	美国
311	蓝精灵：寻找神秘村	2017/4/7	美国
312	火花	2017/4/14	加拿大、韩国、美国
313	怪！	2017/5/20	日本
314	生化危机：复仇	2017/5/27	美国、日本
315	赛车总动员3	2017/6/16	美国
316	神偷奶爸3	2017/6/30	美国
317	多鲁	2017/7/7	土耳其
318	豆福传	2017/7/28	中国
319	表情奇幻冒险	2017/7/28	美国
320	我的爸爸是森林之王	2017/8/11	法国、比利时
321	抢劫坚果店2	2017/8/11	加拿大、韩国、美国
322	星河战队：火星叛国者	2017/8/21	美国、日本
323	动物饼干	2017/9/1	美国、西班牙
324	乐高幻影忍者大电影	2017/9/22	美国、澳大利亚、丹麦
325	花园精灵	2017/11/2	美国、加拿大
326	哥斯拉：怪兽行星	2017/11/17	日本
327	圣诞星	2017/11/17	美国
328	骑士克里斯	2017/11/22	印度尼西亚
329	寻梦环游记	2017/11/22	美国
330	公牛历险记	2017/12/15	美国
331	怪物家族	2018/2/9	德国
332	妈妈咪鸭	2018/3/9	美国、中国
333	淘气大侦探	2018/3/23	美国、英国
334	斯塔比中士：一个美国英雄	2018/4/13	美国、加拿大、法国

（续表）

序号	片名（中文）	上映时间	出品国家
335	超人特工队2	2018/6/15	美国
336	精灵旅社3	2018/7/13	美国
337	雪怪大冒险	2018/9/28	美国
338	绿毛怪格林奇	2018/11/9	美国
339	无敌破坏王2：大闹互联网	2018/11/21	美国
340	蜘蛛侠：平行宇宙	2018/12/14	美国

附录二：全球动画电影票房排行50强

排名	片名（中文）	片名（英文）	全球票房	上映时间	类型
1	冰雪奇缘	*Frozen*	$1290000000	2013	三维动画
2	超人总动员2	*Incredibles 2*	$1242786014	2018	三维动画
3	小黄人大眼萌	*Minions*	$1159398397	2015	三维动画
4	玩具总动员3	*Toy Story 3*	$1066969703	2010	三维动画
5	神偷奶爸3	*Despicable Me 3*	$1034799409	2017	三维动画
6	海底总动员2：多莉去哪儿	*Finding Dory*	$1028570889	2016	三维动画
7	疯狂动物城	*Zootopia*	$1023784195	2016	三维动画
8	神偷奶爸2	*Despicable Me 2*	$970761885	2013	三维动画
9	狮子王	*The Lion King*	$968483777	1994	传统动画
10	海底总动员	*Finding Nemo*	$940335536	2003	三维动画
11	怪物史莱克2	*Shrek 2*	$919838758	2004	三维动画
12	冰河世纪3	*Ice Age: Dawn of the Dinosaurs*	$886686817	2009	三维动画
13	冰河世纪4	*Ice Age: Continental Drift*	$877244782	2012	三维动画

（续表）

排名	片名（中文）	片名（英文）	全球票房	上映时间	类型
14	爱宠大机密	*The Secret Life of Pets*	$875457937	2016	三维动画
15	头脑特工队	*Inside Out*	$857611174	2015	三维动画
16	寻梦环游记	*Coco*	$807082196	2017	三维动画
17	怪物史莱克3	*Shrek the Third*	$798958162	2007	三维动画
18	怪物史莱克4	*Shrek Forever After*	$752600867	2010	三维动画
19	马达加斯加3	*Madagascar 3*	$746921274	2012	三维动画
20	怪兽大学	*Monsters University*	$744229437	2013	三维动画
21	飞屋环游记	*Up*	$735099082	2009	三维动画
22	功夫熊猫2	*Kung Fu Panda 2*	$665692281	2011	三维动画
23	冰河世纪2	*Ice Age: The Meltdown*	$660940780	2006	三维动画
24	超能陆战队	*Big Hero 6*	$657818612	2014	三维动画
25	海洋奇缘	*Moana*	$643331111	2016	三维动画
26	欢乐好声音	*Sing*	$634151679	2016	三维动画
27	超人总动员	*The Incredibles*	$633019734	2004	三维动画
28	功夫熊猫	*Kung Fu Panda*	$631744560	2008	三维动画
29	驯龙高手2	*How to Train Your Dragon 2*	$621537519	2014	三维动画
30	美食总动员	*Ratatouille*	$620702951	2007	三维动画
31	马达加斯加2	*Madagascar: Escape 2 Africa*	$603900354	2008	三维动画
32	魔发奇缘	*Tangled*	$591794936	2010	三维动画
33	疯狂原始人	*The Croods*	$587204668	2013	三维动画
34	怪物公司	*Monsters, Inc.*	$577425734	2001	三维动画
35	赛车总动员2	*Cars 2*	$562110557	2011	三维动画
36	穿靴子的猫	*Puss in Boots*	$554987477	2011	三维动画
37	神偷奶爸	*Despicable Me*	$543113985	2010	三维动画

（续表）

排名	片名（中文）	片名（英文）	全球票房	上映时间	类型
38	勇敢传说	*Brave*	$540437063	2012	三维动画
39	机器人总动员	*WALL·E*	$533281433	2008	三维动画
40	马达加斯加	*Madagascar*	$532680671	2005	三维动画
41	精灵旅社3	*Hotel Transylvania 3*	$528098712	2018	三维动画
42	宝贝老板	*The Boss Baby*	$527965936	2017	三维动画
43	辛普森一家	*The Simpsons Movie*	$527071022	2007	传统动画
44	功夫熊猫3	*Kung Fu Panda 3*	$521170825	2016	三维动画
45	绿毛怪格林奇	*The Grinch*	$508566480	2018	三维动画
46	阿拉丁	*Aladdin*	$504050219	1992	传统动画
47	里约大冒险2	*Rio 2*	$500101972	2014	三维动画
48	玩具总动员2	*Toy Story 2*	$497366869	1999	三维动画
49	驯龙高手	*How to Train Your Dragon*	$494878759	2010	三维动画
50	里约大冒险	*Rio*	$484635760	2011	三维动画

附录三：1995—2018奥斯卡最佳动画短片年表

时间	奖项	片名	类型	国家
1996年第68届	获奖	超级无敌掌门狗：剃刀边缘	黏土动画	英国
	提名	天外飞鸡	二维动画	美国
	提名	颠覆	三维动画	加拿大
	提名	小虫加加林	二维动画	俄罗斯
	提名	疯狂米奇	二维动画	美国

（续表）

时间	奖项	片名	类型	国家
1997年第69届	获奖	追寻	定格动画	德国
	提名	卡赫德	定格动画	美国
	提名	拉·萨拉	三维动画	加拿大
	提名	双胞胎传奇	定格动画	英国
1998年第70届	获奖	棋逢对手	三维动画	美国
	提名	摇滚巨星佛瑞德	二维动画	英国
	提名	美人鱼	二维动画	俄罗斯
	提名	小红帽终极版	二维动画	美国
	提名	老妇人与鸽子	二维动画	英国、法国、比利时
1999年第71届	获奖	棕兔夫人	三维动画	美国
	提名	坎特伯雷故事	定格动画	俄罗斯、英国
	提名	海盗旗	二维动画	英国
	提名	更多	定格动画	美国
	提名	哈啰，死亡先生	二维动画	丹麦
2000年第72届	获奖	老人与海	二维动画（油画动画）	俄罗斯、加拿大、日本
	提名	无聊	定格动画（剪纸动画）	英国
	提名	我祖母给国王熨过衬衫	二维动画	加拿大、挪威
	提名	受难三美人	二维动画	荷兰
	提名	破晓之时	二维动画	加拿大
2001年第73届	获奖	父与女	二维动画	荷兰
	提名	假发匠	定格动画	德国
	提名	退货	二维动画	美国

（续表）

时间	奖项	片名	类型	国家
2002年第74届	获奖	鸟！鸟！鸟	三维动画	美国
	提名	沼泽	三维动画	爱尔兰
	提名	圣徒约翰	二维动画	爱尔兰
	提名	奇怪的入侵者	二维动画	加拿大
	提名	胡子的麻烦	二维动画	美国
2003年第75届	获奖	恰卜恰布	三维动画	美国
	提名	大教堂	三维动画	波兰
	提名	轮盘记	定格+CGI动画	德国
	提名	大眼仔的新车	三维动画	美国
	提名	头山	二维动画	日本
2004年第76届	获奖	裸体哈维闯人生	定格动画	澳大利亚
	提名	跳跳羊	三维动画	美国
	提名	命运	三维动画+二维动画	美国
	提名	消失的松果	三维动画	美国
	提名	吹毛求疵	二维动画	加拿大
2005年第77届	获奖	瑞恩	三维动画	加拿大
	提名	祝生日	三维动画	澳大利亚
	提名	饥饿的地鼠	三维动画	美国
	提名	警犬	二维动画	美国
	提名	劳伦佐	二维动画	美国

（续表）

时间	奖项	片名	类型	国家
2006年第78届	获奖	月亮和孩子	二维动画	美国
	提名	拜德格雷德（獾）	二维动画	英国
	提名	加斯帕·莫雷罗神秘探险记	三维动画渲染二维效果	澳大利亚
	提名	机器人九号	三维动画	美国
	提名	光杆乐队	三维动画	美国
2007年第79届	获奖	丹麦诗人	二维动画	挪威、加拿大
	提名	绑架课	三维动画	美国
	提名	卖火柴的小女孩	三维动画+二维动画	美国
	提名	大歌唱家	三维动画	匈牙利
	提名	松鼠、坚果和时间机器	三维动画	美国
2008年第80届	获奖	彼得与狼	定格动画	英国、瑞士、挪威、墨西哥、波兰
	提名	我遇到了“海象”	二维动画	加拿大
	提名	坐火车的女人	定格动画	加拿大
	提名	天堂开门	三维动画	法国
	提名	春之觉醒	二维动画（油画动画）	俄罗斯
2009年第81届	获奖	回忆积木屋	二维动画	日本
	提名	厕所爱情故事	二维动画	俄罗斯
	提名	章鱼的爱情	三维动画	法国
	提名	魔术师与兔子	三维动画	美国
	提名	厄运葬礼	三维动画	英国

（续表）

时间	奖项	片名	类型	国家
2010年第82届	获奖	商标的世界	三维动画	法国
	提名	法式炒咖啡	三维动画	法国
	提名	格林奶奶的睡美人	三维动画	爱尔兰
	提名	老妇人与死神	三维动画	西班牙
	提名	超级无敌掌门狗：面包与死亡事件	定格动画	英国
2011年第83届	获奖	失物招领	三维动画	澳大利亚、英国
	提名	昼与夜	二维动画+定格动画	美国
	提名	咕噜牛	三维动画	英国、德国
	提名	举手之劳害地球	二维动画	美国
	提名	马达加斯加：旅行日记	二维动画（转描）	法国
2012年第84届	获奖	莫里斯·莱斯莫先生的神奇飞书	三维动画	美国
	提名	星期天	二维动画	加拿大
	提名	月神	三维动画	美国
	提名	晨练	三维动画	英国
	提名	狂野生活	二维动画	加拿大
2013年第85届	获奖	纸人	渲染二维效果	美国
	提名	亚当与狗	二维动画	美国
	提名	鳄梨色拉	定格动画	美国
	提名	头朝下的生活	定格动画	英国
	提名	辛普森一家：托儿所的漫长日	三维动画渲染二维效果	美国

（续表）

时间	奖项	片名	类型	国家
2014年 第86届	获奖	哈布洛先生	三维动画	卢森堡、法国
	提名	野孩子	三维动画渲染 二维效果	美国
	提名	小马快跑	三维动画	美国
	提名	别有洞天	三维动画	日本
	提名	女巫的扫帚	三维动画	英国、德国
2015年 第87届	获奖	盛宴	三维动画	美国
	提名	更大的图画	二维动画 +定格动画	英国
	提名	守坝员	二维动画	美国
	提名	我和我的莫顿自行车	二维动画	加拿大、挪威
	提名	单曲人生	三维动画	荷兰
2016年 第88届	获奖	熊的故事	三维动画	智利
	提名	序幕	实拍 +二维动画	英国
	提名	桑杰的超级团队	三维动画	美国
	提名	没有宇宙我们无法生存	二维动画	俄罗斯
	提名	未来世界	二维动画	美国
2017年 第89届	获奖	鹬	三维动画	美国
	提名	盲眼女孩	二维动画	加拿大
	提名	借来的时间	三维动画	美国
	提名	梨酒与香烟	二维动画 +三维动画	加拿大、英国
	提名	珍珠	三维动画	法国

（续表）

时间	奖项	片名	类型	国家
2018年第90届	获奖	亲爱的篮球	二维动画	美国
	提名	花园派对	三维动画	法国
	提名	失物招领	定格动画	美国
	提名	负空间	定格动画	法国
	提名	反叛的童谣	三维动画	英国
2019年第91届	获奖	包宝宝	三维动画	美国
	提名	动物行为	二维动画	美国
	提名	午后时光	二维动画	美国
	提名	冲破天际	三维动画	美国
	提名	周末	二维动画	美国

附录四：2004—2019年国产三维动画电影年表

序号	片名	时间
1	时空冒险记	2004
2	魔比斯环	2005
3	龙刀传奇	2005
4	精灵世纪	2006
5	孙悟空大战二郎神	2007
6	忍者神龟	2007
7	熊猫总动员	2011
8	赛尔号大电影：寻找凤凰神兽	2011
9	赛尔号大电影2：雷伊与迈尔斯	2012
10	神秘世界历险记	2012

（续表）

序号	片名	时间
11	绿林大冒险	2013
12	昆塔：盒子总动员	2013
13	赛尔号大电影3：战神联盟	2013
14	铠甲勇士之雅塔莱斯	2014
15	龙之谷：破晓奇兵	2014
16	秦时明月之龙腾万里	2014
17	81号农场之疯狂的麦咭	2014
18	摩登森林之美食总动员	2014
19	猪猪侠之勇闯巨人岛	2014
20	潜艇总动员4：章鱼奇遇记	2014
21	魔幻仙踪	2014
22	神笔马良	2014
23	赛尔号大电影4：圣魔之战	2014
24	新大头儿子和小头爸爸之秘密计划	2014
25	神秘世界历险记2	2014
26	桃蛙源记	2014
27	王子与108煞	2015
28	一万年以后	2015
29	阿里巴巴：大盗奇兵	2015
30	奥拉星：进击圣殿	2015
31	龙骑侠	2015
32	闯堂兔2：疯狂马戏团	2015
33	潜艇总动员5：时光宝盒	2015
34	无敌小飞猪	2015
35	特功明星	2015

（续表）

序号	片名	时间
36	极地大反攻	2015
37	超能兔战队	2015
38	少年毛泽东	2015
39	龙在哪里？	2015
40	兔子镇的火狐狸	2015
41	疯狂进化人	2015
42	西游记之大圣归来	2015
43	精灵王座	2016
44	神兽金刚之青龙再现	2016
45	我是哪吒	2016
46	功夫熊猫3	2016
47	新大头儿子和小头爸爸2一日成才	2016
48	刺猬小子之天生我刺	2016
49	小门神	2016
50	摇滚藏獒	2016
51	神秘世界历险记3	2016
52	糖果世界大冒险	2016
53	大卫贝肯之倒霉特工熊	2017
54	熊出没·奇幻空间	2017
55	猪猪侠之英雄猪少年	2017
56	豆福传	2017
57	风语咒	2018
58	神秘世界历险记4	2018
59	阿凡提之奇缘历险	2018
60	潜艇总动员：海底两万里	2018

（续表）

序号	片名	时间
61	大闹西游	2018
62	妈妈咪鸭	2018
63	熊出没·原始时代	2019
64	北极正义·雷霆战队	2019
65	白蛇：缘起	2019
66	钢铁飞龙之奥特曼崛起	2019

附录五：国产动画电影内地票房排行榜（票房3000元以上）

排名	片名	类型	票房（元）	时间	制作公司
1	西游记之大圣归来	三维	9.56亿	2015	高路动画、十月文化、天空之城
2	熊出没·原始时代	三维	7.14亿	2019	华强方特、乐创影业
3	熊出没·变形记	三维	6.05亿	2018	华强方特、彩条屋
4	大鱼海棠	二维	5.66亿	2016	彼岸天、彩条屋
5	熊出没·奇幻空间	三维	5.22亿	2017	华强方特、优扬传媒、娱跃影业
6	白蛇：缘起	三维	4.48亿	2019	追光动画、华纳兄弟公司
7	爵迹	三维	3.83亿	2016	原力动画、和力辰光、最世文化
8	熊出没·雪岭熊风	三维	2.96亿	2015	深圳华强、优扬传媒
9	熊出没·熊心归来	三维	2.88亿	2016	深圳华强、优扬传媒
10	熊出没·夺宝熊兵	三维	2.47亿	2014	深圳华强、卡通先生
11	喜羊羊与灰太狼4：开心闯龙年	二维	1.66亿	2012	原创动力

（续表）

排名	片名	类型	票房（元）	时间	制作公司
12	新大头儿子和小头爸爸3 俄罗斯奇遇记	三维	1.58亿	2018	央视动画、万达影视
13	喜羊羊与灰太狼3: 兔年顶呱呱	二维	1.5亿	2011	原创动力
14	十万个冷笑话2	二维	1.34亿	2017	上海炫动、奥飞影业、腾讯影业
15	喜羊羊与灰太狼2: 虎虎生威	二维	1.28亿	2010	原创动力
16	大卫贝肯之倒霉特工熊	三维	1.26亿	2017	奥飞影业、品格文化
17	喜羊羊与灰太狼5: 喜气羊羊过蛇年	二维	1.25亿	2013	原创动力
18	十万个冷笑话	二维	1.2亿	2015	有妖气、上海炫动
19	风语咒	三维	1.13亿	2018	若森数字、华青传奇
20	神秘世界历险记4	三维	1.05亿	2018	优漫卡通、其卡通
21	赛尔号大电影6： 圣者无敌	三维	1.03亿	2017	淘米动画、优漫卡通
22	喜羊羊与灰太狼: 牛气冲天	二维	9000万	2009	原创动力
23	新大头儿子和小头爸爸2 一日成才	三维	9000万	2016	央视动画
24	大护法	二维	8760万	2017	好传文化、彩条屋
25	喜羊羊与灰太狼6: 飞马奇遇记	二维	8715万	2014	原创动力
26	昨日青空	二维	8381万	2018	彩条屋、路行动画、好传文化
27	小门神	三维	7868万	2016	追光动画、阿里巴巴
28	洛克王国4： 出发！巨人谷	三维 二维	7694万	2015	腾讯电影、优漫卡通、光线影业
29	阿凡提之奇缘历险	三维	7670万	2018	上影集团、上海美影、米粒影视

（续表）

排名	片名	类型	票房（元）	时间	制作公司
30	赛尔号大电影3：战神联盟	三维	7629万	2013	淘米科技、上海炫动
31	我爱灰太狼2	二维	7570万	2013	原创动力、卡通先生
32	麦兜响当当	二维	7520万	2009	博善广识
33	潜艇总动员：海底两万里	三维	7265万	2018	环球数码
34	我爱灰太狼	二维	7264万	2012	原创动力、卡通先生
35	黑猫警长之翡翠之星	二维	7016万	2015	上影集团、上海美影
36	洛克王国2：圣龙的心愿	二维	6871万	2013	腾讯
37	喜羊羊与灰太狼7：羊年喜羊羊	二维	6800万	2015	原创动力
38	神秘世界历险记3	三维	6542万	2016	优漫卡通、其卡通
39	桂宝之爆笑闯宇宙	三维	6417万	2015	优漫卡通、其卡通、福斯国际
40	赛尔号大电影4：圣魔之战	三维	6245万	2014	淘米科技、卡酷卫视
41	神秘世界历险记2	三维	6237万	2014	优漫卡通、其卡通
42	秦时明月之龙腾万里	三维	5987万	2014	玄机科技
43	神笔马良	三维	5859万	2014	天古数码、上海炫动
44	龙之谷：破晓奇兵	三维	5749万	2014	米粒影视、盛大、长影
45	潜艇总动员3：彩虹宝藏	三维	5652万	2013	环球数码
46	赛尔号大电影5：雷神崛起	三维	5648万	2015	淘米动画、卡酷卫视
47	昆塔：反转星球	三维	5040万	2017	博采传媒、蓝巨星
48	大闹天宫3D	二维	4950万	2012	上海美影
49	麦兜当当伴我心	二维	4860万	2012	天才香港
50	潜艇总动员4：章鱼奇遇记	三维	4812万	2014	环球数码

（续表）

排名	片名	类型	票房（元）	时间	制作公司
51	洛克王国3：圣龙的守护	二维	4772万	2014	腾讯、金鹰卡通
52	熊猫总动员	三维	4723万	2011	北京卡酷动画卫视
53	猪猪侠之终极决战	三维	4542万	2015	咏声文化、上海炫动
54	猪猪侠之勇闯巨人岛	三维	4493万	2014	咏声文化
55	猪猪侠之英雄猪少年	三维	4423万	2017	咏声动漫
56	赛尔号大电影：寻找凤凰神兽	三维	4400万	2011	淘米科技
57	麦兜·我和我妈妈	二维	4386万	2014	新华展望
58	钢铁飞龙之奥特曼崛起	三维	4249万	2019	蓝弧动画
59	大耳朵图图之美食狂想曲	二维	4243万	2017	上影集团、上海美影、图图影视
60	新大头儿子和小头爸爸之秘密计划	三维	4211万	2014	央视动画
61	钢铁飞龙之再见奥特曼	三维	4072万	2017	蓝弧文化
62	摇滚藏獒	三维	3962万	2016	梦幻工厂、漫动时空、华谊兄弟
63	辛巴达历险记2013	二维	3902万	2013	卡通先生
64	大闹西游	三维	3781万	2018	谜谭动画、春秋时代、迷宫影视
65	妈妈咪鸭	三维	3711万	2018	万达影视、原力动画
66	开心超人	二维	3509万	2013	明星创意
67	年兽大作战	三维	3444万	2016	坏猴子影视、合一影业、摩天轮文化
68	洛克王国：圣龙骑士	二维	3382万	2011	腾讯
69	潜艇总动员5：时光宝盒	三维	3376万	2015	环球数码
70	风云决	二维	3300万	2008	方块动漫

（续表）

排名	片名	类型	票房（元）	时间	制作公司
71	赛尔号大电影2：雷伊与迈尔斯	三维	3295万	2012	淘米科技
72	玩偶奇兵	三维	3167万	2017	环球数码
73	阿唐奇遇	三维	3039万	2017	追光动画、优漫卡通

参考文献

一、中文文献

1．冯学勤:《论动画意识与动画形上学》,《文艺研究》2019年第4期。

2．陈莹:《腾讯发布〈2019—2020中国互联网趋势报告〉》,《中国出版传媒商报》2019年2月19日。

3．张永宁、王泓贤:《3D投影动画的表现方式研究》,《工业设计》2019年第1期。

4．[美]里克·帕伦特:《计算机动画算法与技术》(第三版),刘祎译,清华大学出版社2018年版。

5．王俊夫、张文阁、蒋晓瑜等:《集成成像三维显示技术原理概述》,《科技传播》2018年第11期。

6．谭力勤:《奇点艺术:未来艺术在科技奇点冲击下的蜕变》,机械工业出版社2018年版。

7．潘慧琪:《不平等的世界传播结构:"文化帝国主义"概念溯源》,《新闻界》2017年第12期。

8．宁海林、王泽霞:《审美心理机制:基于阿恩海姆视知觉形式动力理论的解读与思考》,《西北大学学报(哲学社会科学版)》2016年第3期。

9．范秀云:《恐怖谷理论与动画电影中的逼真人物形象》,《当代电影》2014年第6期。

10．余本庆:《三维动画艺术创作流程管理优化研究》,《装饰》2013年第

11期。

11. 邓沙:《传统服饰元素在动漫人物造型设计中的运用研究》，硕士学位论文，湖南师范大学，2013年。

12. 李健:《三维数字动画的美学特征分析》,《电影评介》2013年第4期。

13. 刘念、叶佑天:《基于符号学概念下的动画角色探微》,《艺海》2013年第2期。

14. 李彬:《符号透视：传播内容的本体诠释》，复旦大学出版社2003年版。

15. [法]让·鲍德里亚:《拟象的进程》，载[法]雅克·拉康等著，吴琼编《视觉文化的奇观：视觉文化总论》，中国人民大学出版社2005年版。

16. 傅正义:《影视剪辑编辑艺术》(修订版)，中国传媒大学出版社2009年版。

17. 孙振涛:《3D动画电影研究:本体理论与文化》，博士学位论文，华东师范大学，2011年。

18. 李铁主编:《动画生产营销与管理》，湖南大学出版社2011年版。

19. 黄立安:《古希腊陶器彩绘所表现的体育美研究》,《体育科学》2011年第8期。

20. 贾否:《动画概论》(第三版)，中国传媒大学出版社2010年版。

21. 吴冠英、王筱竹:《动画概论》，清华大学出版社2009年版。

22. [法]让·鲍德里亚:《消费社会》，刘成富等译，南京大学出版社2000年版。

23. 徐大鹏、傅立新:《从动画到动漫文化》,《电影文学》2008年第24期。

24. [新西兰]肖恩·库比特:《数字美学》，赵文书等译，商务印书馆2007年版。

25. [美]保罗·莱文森著，何道宽编译:《莱文森精粹》，中国人民大学出版社2007年版。

26. 孙立军、张宇编著:《世界动画艺术史》，海洋出版社2007年版。

27. 刘志强:《三维造型艺术》，中国广播电视出版社2006年版。

28. 金辅堂编著:《动画艺术概论》，中国人民大学出版社2006年版。

29. 贾秀清、栗文清、姜娟等编著:《重构美学：数字媒体艺术本性》，中国广播电视出版社2006年版。

30. [美] 鲁道夫·阿恩海姆:《艺术与视知觉》，滕守尧、朱疆源译，四川人民出版社2005年版。

31. 朱煜:《技术的价值负荷》,《文教资料》2005年第20期。

32. [瑞士] 费尔迪南·德·索绪尔:《普通语言学教程》，高明凯译，商务印书馆1980年版。

33. [美] S. 普林斯:《真实的谎言：感觉上的真实性、数字成像与电影理论》，王卓如译,《世界电影》1997年第1期。

34. 施寅:《第六讲：三维动画中的运动控制》,《影视技术》1995年第6期。

35. [德] 赫伯特·马尔库塞:《审美之维——马尔库塞美学论著集》，李小兵译，生活·读书·新知三联书店1989年版。

36. 唐澄:《从几幅连环画到动画片——〈象不象〉的创作构思》，载文化部电影局《电影通讯》编辑室、中国电影出版社本国电影编辑室合编《美术电影创作研究》，中国电影出版社1984年版。

37. 何玉门:《谈〈善良的夏吾东〉的艺术处理》，载文化部电影局《电影通讯》编辑室、中国电影出版社本国电影编辑室合编《美术电影创作研究》，中国电影出版社1984年版。

38. [美] 苏珊·朗格:《艺术问题》，滕守尧、朱疆源译，中国社会科学出版社1983年版。

39. 王真:《关于马家窑时期原始舞蹈的几个问题》,《史学月刊》1983年第6期。

40. [德] 黑格尔:《美学》第1卷，朱光潜译，商务印书馆1979年版。

二、英文文献

1. Clegg Alexander，Yu Wenhao，Tan Jie，Liu C.，Turk Greg，“Learning to Dress: Synthesizing Human Dressing Motion via Deep Reinforcement Learning”，*ACM Transactions on Graphics (TOG)*，Vol.37，No.6，2019.

2. Daniel Holden, Taku Komura, Jun Saito，“Phase-functioned Neural Networks for Character Control”，*ACM Transactions on Graphics* (*TOG*)，Vol.36，July 20，2017.

3. Brooks Barnes, "Boys Don't Run Away From These Princesses", *The New York Times*, December 1, 2013.

4. Tom Sito, *Moving Innovation: A History of Computer Animation*, Massachusetts: MIT Press, 2013.

5. Carolyn Giardina, "Siggraph: Pixar's Pete Docter Reveals the Challenges of His Next Film 'Inside Out'", *The Hollywood Reporter*, July 22, 2013.

6. Richard Corliss, "WALL · E (2008): Best Movies, TV, Books and Theater of the Decade", *Time*, December 29, 2009.

7. "Kung Fu Panda Gets Cuddly", *Daily News*, New York, May 31, 2008.

8. Richard Lowe, Wolfgang Schnotz, eds., *Learning with Animation: Research Implications for Design*, New York: Cambridge University Press, 2008.

9. David Price, *The Pixar Touch: The Making of A Company*, New York: Alfred A. Knopf, 2008.

10. Bill Desowitz, "'Little Mermaid' Team Discusses Disney Past and Present", *Animation World Network*, September 18, 2006.

11. K. F. MacDorman, H. Ishiguro, "The Uncanny Advantage of Using Androids in Social and Cognitive Science Research", *Interaction Studies*, Vol.7, 2006.

12. Lou Gaul, "1104 Film Clips", *Bucks County Courier Times*, November 4, 2005.

13. Tom Shone, *Blockbuster: How Hollywood Learned to Stop Worrying and love The Summer*, New York: Free Press of Simon & Schuster, 2004.

14. Ryan Ball, "Toy Story Tops Online Film Critics' Top100", *Animation Magazine*, March 4, 2003.

15. Lev Manovich, *The Language of New Media*, Massachusetts: MIT Press, 2000.

16. Andrew Darley, *Visual Digital Culture*, London and New York: Boutledge Press, 2000.

17. Barbara Robertson, "Meet Geri: The New Face of Animation", *Computer Graphics World*, Vol.21, No.2, 1998.

18. Frank Thomas, Ollie Johnston, *Disney Animation: The Illusion of Life*,

Los Angeles: Disney Editions，1995.

19. Burr Snider，“The Toy Story Story”，*Wired*，December，1995.

20. “Toy’s Wonder”，*Entertainment Weekly*，December 8，1995.

21. N. Magnenat-Thalmann，R.Laperrière，D. Thalmann，“Joint-Dependent Local Deformations for Hand Animation and Object Grasping”，*Proceedings Graphics Interface ’88*，1989.

22. N. Magnenat Thalmann, D. Thalmann, “The Direction of Synthetic Actors in the Film Rendez-vous à Montréal”，IEEE Computer Graphics and Applications，Vol.7，1987.

23. Robert Rivlin，*The Algorithmic Image: Graphic Visions of the Computer Age*，New York：Harper & Row Publishers，Inc，1986.

24. Nadia Magnenat Thalmann, Daniel Thalmann，“The Use of High-Level 3-D Graphical Types in the MIRA Animation System”，*IEEE Computer Graphics and Applications*，Vol.3，1983.

25. Bruce Orwall, “Disney Decides It Must Draw Artists Into the Computer Age”，*The Wall Street Journal*，October 23，2003.

三、网络文献

1. Nate Nikolai, “‘Spider-Man: Into the Spider-Verse’ Team Talks Diversity：Modern Heroes for a Modern World”，https://variety.com/2018/film/news/spider-man-into-the-spider-verse-jake-johnson-brian-tyree-henry-1203071359/, 2018.

2. SIGGRAPH 2018：《自适应神经网络模拟运动轨迹，四足动物旋转跳跃栩栩如生》，https://www.sohu.com/a/236608903_114877，2018。

3. Amid Amidi, “TRAILER: ‘Spider-Man: Into the Spider-Verse’ Marks A Radical Shift For U.S. Feature Animation”，https://www.cartoonbrew.com，2018.

4. 潘漫熳:《2016—2018年2D、3D动画数据对比》，https://www.sohu.com/a/291314584_566241, 2018。

5. “The 21st Century’s 100 Greatest Films”，BBC.，https://www.bbc.com/culture/story/20160819-the-21st-centurys-100-greatest-films，2016.

6. Lalwani Mona，“Fur Technology Makes Zootopia's Bunnies Believable”，

https://www.engadget.com/2016/03/04/fur-technology-makes-zootopias-bunnies-believable/, 2016.

7. "88th Academy Awards of Merit", Academy of Motion Picture Arts and Sciences, https://www.oscars.org/sites/oscars/files/88aa_rules.pdf, 2015.

8. "Disney's Paperman animated short fuses CG and hand-drawn techniques", https://www.3dworldmag.com/2012/06/29/disneys-paperman-animated-short-fuses-cg-and-hand-drawn-techniques, 2014.

9. "Top 10 Animation", *American Film Institute*, https://www.afi.com/10top10/category.aspx?cat=1, 2014.

10. 李远东:《5种"真"三维显示技术的发展现状及展望》, 上海情报服务平台, https://www.istis.sh.cn/list/list.aspx?id=81822014, 2014。

11. Jason, "Making of Disney's Frozen: A Material Point Method for Snow Simulation", http://www.cgmeetup.net/home/making-of-disneys-frozen-snow-simulation/, 2013.

12. [荷兰]霍夫斯泰德:《文化维度理论》, 百度文库, https://wenku.baidu.com/view/d3b5442dccbff121dd368318.html, 2013。

13. Marc Soriano, "Skeletal Animation", Bourns College of Engineering, http://alumni.cs.ucr.edu/~sorianom/cs134_09win/lab5.htm, 2011.

14. Paul Lilly, "From Voodoo to GeForce: The Awesome History of 3D Graphics", https://www.pcgamer.com/from-voodoo-to-geforce-the-awesome-history-of-3d-graphics/6, 2009.

15. Anne Neumann, "Ratatouille Edit Bay Visit!", https://www.comingsoon.net/movies/features/19939-ratatouille-edit-bay-visit, 2007.

16. "Computer Graphics history", http://www.cs.utah.edu/gdc/history, 2000.

17. "LINKS-1 Computer Graphics System-Computer Museum", http://museum.ipsj.or.jp/en/computer/other/0013.html.

18. "List of Animated Feature Films of The 2000s", https://en.wikipedia.org/wiki/List_of_animated_feature_films_of_the_2000s.

19. "List of Animated Feature Films of The 2010s", https://en.wikipedia.org/wiki/List_of_animated_feature_films_of_the_2010s.

20. “Brutal Deluxe Software”, https://www.brutaldeluxe.fr/projects/cassettes/japan.

21. “John Walker’ s online history of Autodesk”, https://www.fourmilab.ch/autofile.

22. “Wavefront Technologies”, https://www.imdb.com/company/co0143869.

23. “Corporate Profile on Softimage”, https://en.wikipedia.org/wiki/History_of_computer_animation#cite_note-107.

24. “Commercial Animation Software Companies”, https://design.osu.edu/carlson/history/lesson8.html#wavefront.

25. “3D-press Release”, https://www.microsoft.com/presspass/press/1996/jan96/3danimpr.mspx.

26. “History of Autodesk 3ds Max”, https://www.the-area.com/maxturns20/history.

27. “Comparison of 3D Computer Graphics Software”, https://en.wikipedia.org/wiki/Comparison_of_3D_computer_graphics_software.

28. “The RenderMan Interface Specification”, https://www.redrabbit-studios.com/coursework/renderman/prman/RISpec/index.html.

29. “The Science of 3D Rendering”, The Institute for Digital Archaeology, https://digitalarchaeology.org.uk/the-science-of-3d-rendering.

30. Per H. Christensen, Wojciech Jarosz, “The Path to Path-Traced Movies”, https://cs.dartmouth.edu/~wjarosz/publications/christensen16path.pdf.